普通高等院校环境设计专业实训"十三五"规划教材
PUTONG GAODENG YUANXIAO HUANJING SHEJI ZHUANYE SHIXUN SHISANWU GUIHUA JIAOCAI

SHINEI SHEJI XIAOGUOTU

KUAISU BIAODA JIFA

# 室内设计效果图

## 快速表达技法

**主 编**

黄　磊（绥化学院）

吴安生（黑龙江农垦科技职业学院）

**副主编**

周晓杰（黑河学院）

刘可雕（成都理工大学）

西南交通大学出版社
·成　都·

**图书在版编目（CIP）数据**

室内设计效果图快速表达技法 / 黄磊，吴安生主编.
一成都：西南交通大学出版社，2017.4
普通高等院校环境设计专业实训"十三五"规划教材
ISBN 978-7-5643-5348-3

Ⅰ. ①室… Ⅱ. ①黄… ②吴… Ⅲ. ①室内装饰设计
－绘画技法－高等学校－教材 Ⅳ. ①TU204

中国版本图书馆 CIP 数据核字（2017）第 056216 号

**室内设计效果图快速表达技法**

主　　编／黄磊　吴安生　　　　责任编辑／郭发仔
　　　　　　　　　　　　　　　　封面设计／何东琳设计工作室

西南交通大学出版社出版发行
（成都市金牛区二环路北一段 111 号创新大厦 21 楼　610031）
发行部电话：028-87600564
网址：http://www.xnjdcbs.com
印刷：四川玖艺呈现印刷有限公司

开本　210 mm×285 mm
印张　7.5　　字数　155 千
版次　2017 年 4 月第 1 版　　印次　2017 年 4 月第 1 次印刷

书号　ISBN 978-7-5643-5348-3
定价　45.00 元

"室内设计效果图表现技法"课程在我国各高等艺术类院校中一直以来作为建筑设计专业和环境艺术设计专业的主干课程，用以培养未来建筑设计师和室内设计师。作为设计语言之一的手绘效果图，不仅是体现设计意图、表现设计细节的媒介和工具，也直接反映了设计师专业技能和综合素质水平的高低。因此，不论是职业的技能型教育还是专业的素质型教育，"室内设计效果图表现技法"课程都是学科建设的重点。

室内设计图纸种类可分为工程制图、设计效果图等，其中平面图、立面图、剖面图等工程制图是施工人员操作的依据，在项目实施过程中起核心作用。相比较而言，室内设计效果图则更为直观和容易理解得多。在方案设计阶段，表现手段除了模型之外，设计效果图最为关键。目前就室内效果图的表现形式而言，其可以分为室内手绘效果图和室内电脑效果图两种。作为高端技术衍生物的专业电脑软件，其特点是制作效果真实、准确，效率高，便于修改效果图。这些优点的确不是手绘可以比拟的。其缺点是制作时间长，效果图缺少生气，无法与设计思维同步，阻碍设计思维的连续性，制作过程中很难与客户进行有效的交流。而手绘则可以快速、生动地记录设计师创意思维的瞬间和片段，不会阻碍设计思维的发展，并会随着思路的延续自然地流露于纸面，是最直接的信息传达方式。从这个意义上说，手绘效果图是电脑效果图无法完全替代的。如果我们把零碎的信息片断用手绘的方式整合起来，将会得到一份较为完整的手绘方案图。手绘方案图既可作为电脑操作时的草图，又可以将其作为设计思路与客户进行交流沟通。优秀的设计师甚至可以在与用户的交流中根据描述进行现场的快速绘制，寻求短时间内把自己的想法与用户的要求结合起来的途径，节约时间，给用户以信心。这种工作方式无疑是令人向往的，也是设计师高素质的体现。因此，室内设计手绘效果图快速表现技法是艺术类院校建筑设计专业及环境艺术设计专业学生和相关从业者必须重点训练的基本功。

同时我们还应该看到，在电脑普及率很高的今天，许多具备良好手绘效果图表现能力的设计师在运用电脑做室内效果图时往往表现得更为得心应手，这是不具备手绘效果图表现能力者所不可及的。从画面的选取到细节的处理，从色调的把握到形态的设计等，都能看到差距。所以，"出色的设计需要出色的表现能力，出色的表现能力反映出色的综合素质"。从这个意义上讲，室内设计手绘效果图表现就不仅仅属于技术层面的范畴，还属于设计素养层面的范畴。

韦自力

2016 年 10 月 20 日

前言
perface

　　不知不觉已经在设计教育岗位工作了七八年，每次登上讲台为学生讲授专业课知识，说实话，内心忐忑，不知道自己能不能把这个职业干好，总觉得任重而道远。

　　对于手绘效果图这门专业技术，自己觉得这些年略有收获，这要感谢我的母校和我现在的工作岗位。从2004年进入鲁迅美术学院环境艺术设计系学习的第一天开始，专业老师便告诉我设计手绘的重要性，大学四年的专业课学习让我打下了较好的基础。研究生学习生涯使我的手绘技能提升到一个新的层次。研究生学习期间，我师从于广西艺术学院建筑学院韦自力教授。韦老师是全国著名的手绘设计名家，老师将我的手绘技能带到了一个全新的高度。在此感激老师当年言传身教之恩。我的学生则是我继续前进的动力，为学生做示范已经成了我上课的习惯，书中很多的效果图都来自于课堂示范。只要学生愿意学，我就愿意一直示范下去。为了更好地教授技能，我一直潜心钻研，总算略有收获，没有辜负学生的期待。

　　本书由黄磊负责编写概述全部部分、第三章、第五章全部部分；吴安生负责编写第一章全部和第二章大半部分章节；

周晓杰负责编写第二章后半部分、第四章全部内容。

书中内容是我这些年学习和教学的成果总结，但并非终点，设计行业学无止境，谨以此书与业界同仁和本专业学生共勉。

作者
2016 年 10 月

# 目录
contents

第 1、2 章课件

# 第1章 概　述

## 一、室内设计手绘效果图的概念

　　室内设计手绘效果图（根据表达需要，以下简称手绘效果图等）是设计思维物化过程中的直观表现，它不仅体现了室内，设计师对室内空间形态的理解，同时还体现了室内设计师的多元化情感、喜好、价值观念等综合因素。在一系列工作中，室内设计师用具有透视规律的图像表达自己的思想，把头脑中虚拟的空间用画笔再现于图纸之上，成为设计方案实施的一个关键环节。室内设计手绘效果图作为可视的形象语言在设计师和用户之间架起了一座便于沟通的桥梁，使设计师与用户可以进行信息互动。一个优秀的室内设计手绘效果图方案可以给设计师带来极大的满足和愉悦，可以给用户带来最直观的形象感受（图1-1、图1-2）。

图 1-1　餐饮空间设计
作者：黄磊　工具及材料：针管笔、马克笔、复印纸
用简单、快s捷的工具和材料直观地表达空间形象。

图 1-2　家居空间设计

作者：黄磊　工具及材料：针管笔、马克笔、复印纸。

徒手表现中表达了一个素色空间，用一种主色调进行空间表达，是一种独特的训练手法。

手绘效果图属于绘画形式的一种，手绘技法与样式的表现和运用在一定程度上留存了传统绘画的风格，但又不完全等同于传统的一般绘画。一般绘画作品侧重于感性理念的展现，注重形态的真实性和艺术性。手绘效果图是徒手或借助于绘图工具直接表达艺术形象，主要是运用理性的观念来创作，表现形象的功能性和艺术性。手绘是设计师表达设计思路、表现设计方案以及实施设计方案最重要的表现形式之一，同时也是设计师的审美取向、艺术素养、内心思绪的直接体现。

室内设计手绘效果图是运用较写实的绘画手法来直接表现室内空间结构与造型元素的构想语言。室内设计手绘效果图是在已经绘制好的透视图的基础上，运用绘图的工具进行绘制，因此比较注重工具的使用，铅笔、钢笔、马克笔、彩色蜡笔、毛笔、喷笔、记号笔、水彩、水粉、丙烯等都是手绘效果图表现较为常见的工具，设计师要利用这些工具才能完成室内效果图的制作。完美的手绘效果图是理性思维与感性思维的结合体，具有较高的艺术欣赏价值。室内设计手绘效果图是介于一般绘画艺术和工程技术图纸之间的一种绘画形式。

## （一）室内设计手绘效果图的作用

### 1. 推敲、表现设计方案

在室内设计中，可以通过手绘来快速表现设计师头脑中的艺术想象，激发设计师的创作灵感。设计师在室内设计方案构想过程中，将模糊的、不明确的设计理念等抽象思维，借助手绘的方法用具象形态以图像的方式直接进行表现。室内设计手绘效果图能够让设计师非常直观地去分析设计方案，发现设计方案中存在的问题。通过反复推敲并与客户沟通后，对手绘草图方案不断修改、完善，进而逐步形成完美的、完整的、最终的设计方案。

在室内设计过程中，设计师可以通过手绘形式培养三维立体思维能力，激发设计师的联想。设计师可以通过手绘勾勒线条、涂饰色彩来描画自己脑海中姿态各异的形体、空间；在屡次绘制的室内平面图、剖视图及透视效果图中，充分表现室内空间关系和细部的节点样式及做法，便于更明了地表现设计意图。手绘效果图的目的是将设计师的艺术想象和设计灵感表现为现实的、具体的设计方案。

### 2. 设计方案沟通的媒介

（1）手绘效果图是设计师与客户等非专业人员进行设计方案沟通最好的媒介，对设计方案的确立起到一定的决策作用。在室内方案设计中，设计师常借助扎实的专业知识，利用手绘草图方案来快速表达自己的设计意图，用以与客户进行贴切的设计交流。手绘效果图对于设计创意和设计方案的不断调整和完善，具有举足轻重的作用，这是其他表现方式无法替代的。

（2）手绘效果图在施工过程中，是设计师快速将修改的设计意图绘制在纸上，与施工人员现场沟通的媒介。在施工过程中，设计师需要充分了解设计方案并熟练掌握手绘技巧，这样才能根据现场需要绘制出临时调整的图纸并附上变更后的施工参数和数据，用图像思维去传达施工意图，从而达到精准施工的目的，使设计与施工完美结合。因此，在工程施工前、施工过程中，手绘效果图起到了良好的辅助作用。

### 3. 设计师综合素质的体现

绘制手绘效果图的能力全面体现了设计者的专业能力、审美取向、艺术修养等。手绘水平的高低能够体现设计师的思维能力和创造能力，以及设计者的策划能力和应变能力。手绘效果图还可以反映设计师的业务素养，从设计者手绘图画的熟练程度完全可以判断出设计者的基本功功底和艺术创意水平。

手绘表现能力是设计师完整表达设计意图最直观、最理想的方法，也是评判设计师专业能力最基本的标准。手绘表现由于需要快速便捷的表现方法，因而在短时间内可以反映设计者对设计的理解程度及设计能力。手绘表现不仅考验设计者的手头表现能力，还可以检测绘图者读图和作图能力、尺度感和准确性。因此，手绘效果图已成为设计类高校专业能力测试以及设计类企业、公司入职面试的重要考核方式。

## （二）室内设计手绘效果图的表现原则和特点

### 1. 室内手绘效果图的表现原则

（1）准确把握构图和透视。

构图和透视可以说是一张室内手绘效果图创作初期最需要把握的要点。跟其他绘画形式相同，这是作为基础中的基础出现的，理想的构图和透视选择会使整个画面增色许多，在起稿确定基本构图的时候要掌握好画面的表现主体，再进一步深入，避免出现主次混淆的表现错误。在透视的选择上，要尽可能突出表现主体的特点，找准最具视觉效果的角度，不要避重就轻。在电脑技术发达的今天，很多在校学生由于过多依赖软件，导致在透视、构图的把握上过于机械和死板。在透视中加入适度的人为畸变是很有必要的，这样不但能更好地突出表现主体，而且可以使室内设计手绘效果图具有视觉冲击力。

（2）准确运用表现语言。

要准确把握室内设计手绘效果图，最主要的是把握"视觉准确"和"表达准确"两方面。即便是再随意、有个性的室内设计手绘效果图，也要相对准确地描绘出一个设计区域内的尺度、比例，以及布置物体所在位置等视觉关系。不管手绘技法表现如何，室内设计手绘效果图都是在一个空间尺度内进行的，这就是所谓"视觉准确"。所谓"表达准确"，即在室内设计手绘效果图当中，真实环境中的灯光照明、设计气氛、材质合理运用等都是准确传达室内手绘效果图立意的要素。只有运用恰当的表现语言，才能使室内设计手绘效果图给人以贴切、理想的视觉感受。

（3）准确选择画面颜色。

对于室内设计手绘效果图来说，色彩的运用会起到至关重要的作用，理想的色彩搭配可以使画面得到进一步的升华。色彩的选择是比较难以把握的，一方面，每个人的色彩感觉是不同的。即使学生在进行效果图临摹时，不同的学生看到的、理解的、传达出的表现色调也不会是完全相同的，更何况是在手绘图创作当中。另一方面，不同风格的空间会有不同的色彩感受，特定的色调会出现在某些特定的空间。我们只有熟悉不同色彩传达出来的不同感受，才能灵活选择，在室内设计手绘效果图中运用恰当的色彩。

### 2. 室内设计手绘效果图的特点

（1）专业特点——真实性

真实性是手绘效果图的框架。人类的活动有相当一部分是在室内进行的。作为工程技术的产物，手绘效果图在表现对象时要求在画面上如实反映室内构成因素，一定要符合真实的结构布局、光影层次、色彩变化和材料质感。

（2）形象特点——准确性

准确性是手绘效果图的根基。手绘效果图应因地制宜，反映建筑的室内空间，根据室内功能要求的不同处理好整体与局部的比例关系和尺度关系。注意，一定要符合实际尺寸和空间限定，体现形象上的准确性。

（3）表现特点——艺术性。

艺术性是手绘效果图的灵魂。室内设计手绘效果图最能表现室内设计师的设计意图，而且能激发设计师设计灵感、凸显艺术意境，具有较强的绘画感、韵味感和艺术感。

（4）设计特点——启发性

手绘效果图在表现物象结构、色彩和肌理质感的过程，可以启发设计师产生新的感受和新的理念、思路，从而使其更好地完善设计作品。手绘效果图表现不仅可以培养和提高室内设计师的专业能力，还能帮助设计者积累专业素材，增强其对设计流行趋势的认知度和敏感度。

## 二、室内设计手绘效果图快速表现技法的概念

　　所谓快速表现，就是在短时间内，通过简便、实用的绘图技巧和绘图工具来表达最佳的预期效果。与传统的手绘效果图相比，快速表现的"快速"首先体现在绘图工具的选择上，用钢笔或针管笔、马克笔、彩色铅笔、色粉笔等工具，替代水彩、水粉、喷笔等传统的制作工具，这些工具使用方便、简单。马克笔颜色众多，不需要调和就能直接使用，且颜色易干，非常适合快速表现。彩色铅笔的特点是色彩过渡细腻、柔和，易掌握，是马克笔工具的最好补充。这些工具可以大大提高效果图绘制的速度。其次，"快速"不是绘制效果图时的动作频率，也不是粗制滥造，而是绘制方法的成熟运用。目前比较常用的方法是：透视线稿完成后，使用马克笔和彩色铅笔等简易工具进行主观表现，按照有效的绘图步骤，在较短时间内完成效果图（图 1-3 ~ 图 1-7）。

图 1-3　阅读空间设计
作者：黄磊 杨阳　工具及材料：针管笔、马克笔、复印纸。
单独用冷暖灰色系进行画面形体空间表达，有助于在效果图绘制中把握空间和提高形体表达技能。

图 1-4　餐饮空间设计
作者：黄磊　工具及材料：针管笔、复印纸。
空间中出现许多异形的造型，异形造型在设计表达中是一个难点，还有就是对空间的把握。对餐饮空间的把握难就难在其中的复杂造型和错落摆放的桌椅。在线稿绘制中要充分尊重空间并完整地表达每个造型的特点。

图 1-5　卖场空间设计

作者：黄磊　杨阳　工具及材料：针管笔、复印纸。

卖场空间比较大，而且店面分布比较多，商业门类比较复杂。在绘制效果图过程中，难点就在于将复杂的空间控制好，空间表达大气又不失细节，这也是大型商业空间绘制的核心内容。

图 1-6　家居空间客厅设计

作者：黄磊　工具及材料：针管笔、复印纸、马克笔。

客厅空间设计看似比较简单，但设计涉及颜色搭配、造型处理以及人流路线处理等很多设计内容。所以，我们在设计绘制效果图过程中，要考虑各个位置的造型、尺寸等问题，这样的效果图才有实际意义。

图 1-7　餐饮空间设计

作者：黄磊　工具及材料：针管笔、复印纸、马克笔。

这是一个文化餐饮空间设计图，绘制中应注意空间的造型颜色等。

从现代意义来讲，手绘表现更侧重于快速地、最简便高效地表达自己的思想。传统的表达很细腻的光影、色彩等图，现在已经应用得并不太多。所以，我们更多的是强调速度，强调快速表现思想。作为设计师，一定要长时间锲而不舍地练习和积累经验，提高自己的技能和水平。不单单是在技法方面提高，在设计等很多方面都要达到一定的层次。这是在新的数字时代在快速表现方面对我们的要求。学表现是为了表现设计，而不能为了表现而表现，否则就会走入歧途。学表现应是在设计的引导下，丰富、完善或提高自己表现技巧的能力，为日后更好地进行设计服务，这才是学表现的目的。

手绘效果图的主要作用是将整体设计通俗化，所以，在表现方式上应倾向快速、实用，强调手绘特色。根据具体的要求，手绘效果图的表现方法可详可略、可繁可简，有较大灵活性和弹性，适合在不同情况下进行。当我们面对某一个空间时，在对它设计之前，对这个空间的结构要全方位地了解，形成基本的空间形象，在原始土建图纸不详细的情况下，要对这个空间全面测绘；对有些结构复杂的部分，需要用立体空间图来解决，这也是一个设计师应具备的基本技能。

电脑绘图是以电脑为主要创作手段来绘制的效果图，是随着计算机的迅速发展而出现的一种新型绘图方式，具有速度快、造型准、效果真实、修改容易、交流方便等优点。在西方，设计师如果不会使用计算机设计，就会被认为还没有入门。在科技迅速发展的时代，电脑效果图成为主流表现图，而手绘效果图则成为方案设计图的主流表达形式。

# 第2章　室内设计手绘效果图快速表达入门

## 一、室内设计手绘效果图快速表现技法的工具与材料

### （一）工具

#### 1. 铅笔

一般采用自动铅笔，主要用于起稿。用铅笔起稿是因为便于修改。

#### 2. 针管笔和钢笔

多用一次性针管笔，不同标号的系列针管笔使用非常方便，其价格也不贵。一般用于方案草图阶段的推敲和线稿阶段的绘制。同一张设计图可以用一支或多支针管笔来完成。钢笔选择笔尖正反两个面绘图，可以表现粗细不同效果的线条。

#### 3. 马克笔

马克笔色彩种类多，绘图方便，使用简单，是手绘快速表现最常用的着色工具之一。马克笔有油性和水性之分。油性马克笔干得快，色彩亮丽，颜色稳定；水性马克笔透明性好，颜色干后变浅。马克笔可用色彩叠加的办法增加画面层次，一般以 2 ~ 3 次叠加为宜，过多的叠加则会使色彩变灰、画面污浊。

#### 4. 彩色铅笔

彩色铅笔长于色彩层次的过渡，可以弥补马克笔色彩层次变化相对较少的缺陷。套装彩色铅笔有 6 色装、12 色装、24 色装、72 色装等。水融性彩色铅笔调入水后会起到淡彩的效果，可用水性和油性马克笔进行色彩的调整。

#### 5. 色粉笔

用于地面、顶面、墙面的渲染，不宜大面积使用，稍作暗示即可。

#### 6. 白色水粉颜料、涂改液

白色水粉颜料和涂改液主要用于表现物体的高光和结构的转折部分，也可以做画面局部修改和调整，要求颜料有很好的覆盖性能，水彩颜料不具备这一特点。

#### 7. 戒尺

在画面需要强调用笔力度和绘制精准线条时使用，绘制出来的形体刚劲、挺拔、有张力。工具见图 2-1。

图 2-1 工具

## （二）纸张与材料

　　室内手绘效果图快速表现常用的纸张主要有复印纸、彩色复印纸、硫酸纸等种类。当线稿完成后，将其复印，以备着色之用。由于马克笔存在不易修改的缺点，因此将线稿复印备用是必要的。彩色复印纸主要是利用其固有色作为画面的中间色，然后对亮面和暗面稍作处理即可。透明的硫酸纸主要用于拷贝粗糙的草图和构思雏形，以便将其整理得更为清晰。拷贝好的线稿可复印后着色，也可以直接在硫酸纸上着色（图 2-2）。

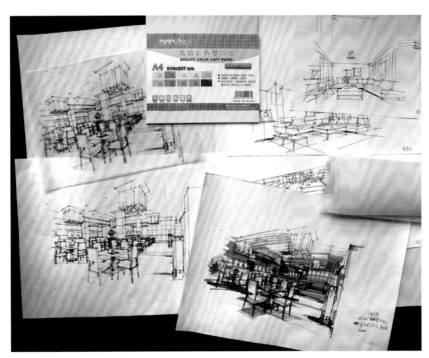

图 2-2 纸张与材料

## 二、透视的基本规律

透视法是将三维的空间形态转换为有立体感的二维空间画面的绘图方法。透视规律的运用是绘制室内手绘效果图的基础，室内设计手绘效果图常用的透视规律包括平行透视、成角透视和平角透视三种。

### （一）平行透视

平行透视也叫一点透视，是一种画法简易、表现范围广、纵深感强的透视方法，适合表现庄重、严肃的室内外空间和景物。缺点是比较呆板，离视心较远的物体易产生变形，与真实效果有一定的距离。

平行透视的画法：

已知房间宽度 AB=6m，房间高度 AC=3m，房间进深 Aa=4m。首先按实际比例确定宽和高 ABCD，即使 AB=6m、AC=3m。然后定视高 EL=1.6m，画出视平线 EL；再确定量点 M 和视心 VP，然后从 ABCD 各点分别向 VP 连线，再利用 M 点向 4 连线，穿过 AVP 线的交点即得出 a 点，最后画出 abcd 图。通过 12345 各点分别向 VP 作连线至 ab 线上，得出 1′2′3′ 各点；然后通过 1′2′3′ 分别作 AB 的平行线，即得出以 1m 为单位的地面透视图。利用平行线画出墙壁与天棚的进深分割线，再通过 AC、CD、DC 上的各点向 VP 引线，即完成一点透视图。

图中的量点 M、视平线 EL、视心 ( 消点 )VP 可根据需要而定。平行透视画法的特点是画面表现范围广，纵深感强，绘制相对容易（图 2-3 ～图 2-10）。

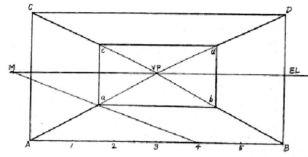

图 2-3 平行透视框架的建立（一）

画面中首先确定视平线，然后确定视心的位置，再确定墙体的高度和宽度；然后在合理视域范围内确定测点，即得出纵深宽度。

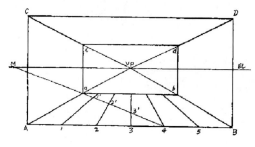

图 2-4 平行透视框架的建立（二）

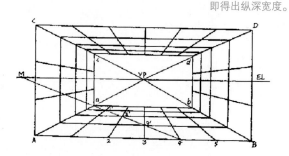

图 2-5 平行透视框架的建立（三）

画面中将墙面的四周网格完全建立起来，形成完整的透视框架。

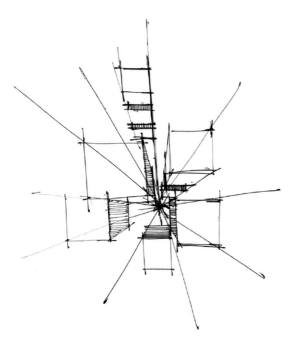

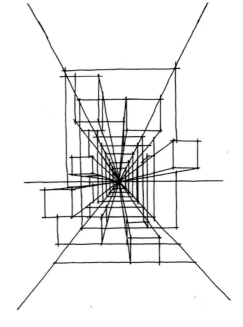

图 2-6

图 2-7

方体处在消失点上下左右的不同位置而产生的各种透视效果。

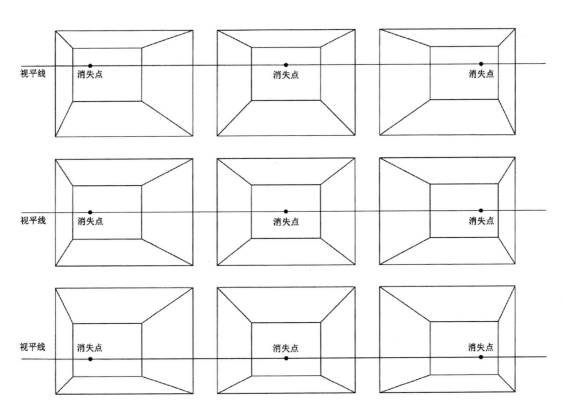

图 2-8

消失点上下左右偏移所产生的九种构图形式。

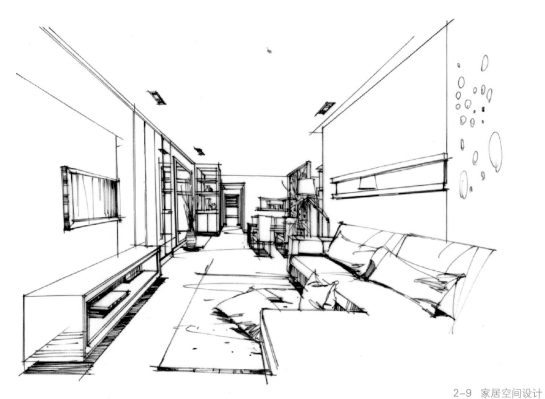

2-9 家居空间设计

作者：吴安生　工具及材料：针管笔、复印纸。

完整表现空间形体是平行透视绘图法的优势所在。

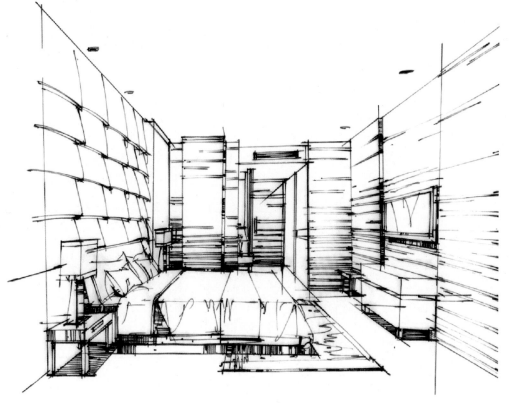

2-10 酒店包房空间设计

作者：吴安生　工具及材料：针管笔、复印纸。

画面用平行透视恰到好处地表现该空间的纵深感。

平行透视的作图要点：（1）视点忌放在画面中心，尤其是对称性构图。（2）视点上下左右偏移可以产生多种不同的效果，因此构图要有针对性。

## （二）成角透视

成角透视也称两点透视。成角透视画面生动，自由灵活，有利于表现空间的某些主要部分。运用成角透视规律绘制出来的透视图更接近视觉的直观感受（见图 2-11 ～图 2-21）。

成角透视图的画法：

已知房间长 6m，宽 4m，高 3m。首先在画面底边画出基线 GL，并在画面左边垂直基线画出高度线，并取视高为 2m 画出视平线（消线）EL。在基线确定 A 点，左右确定 $A_1A_2$ 等比单位各 1m，然后通过 A 点向上作直角三角形交消点 $V_1$ 和消点 $V_2$。使 $V_1A=V_1M_2$ 得出辅助点 $M_2$，使 $AV_2=M_1V_2$ 得出辅助点 $M_1$，然后，从 $M_1$ 向 $A_2$ 连线得出 $AV_2$ 线上的交点 $a_2$，从 $M_2$ 向 $A_1$ 连线得出 $V_1A$ 线上的交点 $a_1$ 由 $a_1$ 向 $V_2$ 作消线、$a_2$ 向 $V_1$ 作消线，得出正方形 $Aa_1Oa_2$，再通过 A 点和 O 点作直线交 EL 线上得出对角线辅助点 M，然后即利用对角线 M 点向 $a_1$、$a_2$ 分别作辅助线，通过辅助线求出所需地面透视 ABCD。然后连接 A-A′，A′点分别向 $V_1$、$V_2$ 作消线，B 点向上作垂线交 A′- $V_1$ 线上 B′点，由 D 点向上作垂线得出交点 D′，分别连接 $V_1$D′ 和 $V_2$B′ 得出交点 C′，最后连接 CC′ 即完成二点透视图。

图中 A 点和视平线可根据需要选择。A 点和 EL 线的变化可产生不同角度的成角透视图。

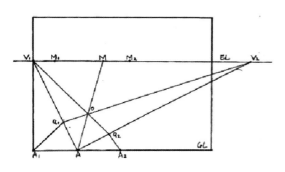

图 2-11 成角透视框架的建立（一）

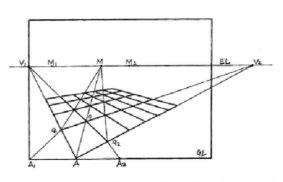

图 2-12 成角透视框架的建立（二）

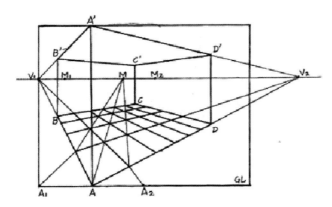

图 2-13 成角透视框架的建立（三）

成角透视相对于平行透视，建立透视框架相对较难。在绘制过程中要时刻注意画面中不要有变形较大的物体，如果出现则说明透视框架超出正常视域范围并出现了畸变，需要及时调整。

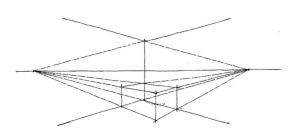

图 2-14
成角透视的作图规律。

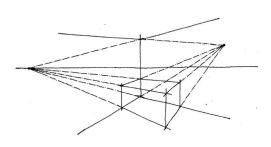

图 2-15
两个消失点距离过近，画面变形。

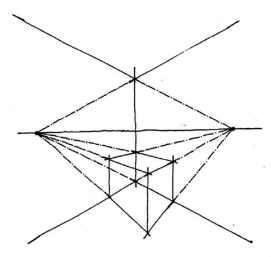

图 2-16
两个消失点不处于同一视平线上，画面扭曲。

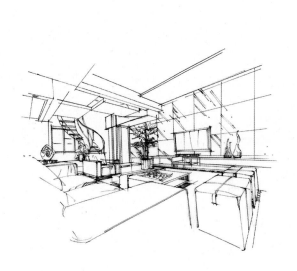

图 2-17 客厅设计
作者：吴安生　工具及材料：针管笔、复印纸。
画面用成角透视表现客厅与餐厅连体的空间。

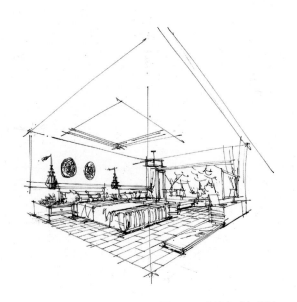

图 2-18 酒店标准间设计
作者：吴安生　工具及材料：针管笔、复印纸。
画面用一个整体的空间框架来表现，空间比较完整。

图 2-19 酒店标准间设计
作者：吴安生　工具及材料：针管笔、复印纸。
用相对近距离的视角来表现空间。

图 2-20 茶餐厅设计
作者：吴安生　工具及材料：针管笔、复印纸。
在这种成角透视中，桌子和椅子的表达是重点。

## （三）平角透视

　　此透视类型实际上是两点透视的特殊情况。常规的两点透视作图法把两个消失点置于画面的左右两侧，而平角透视作图法则把一个消失点安排在画面以内，另一个消失点安排在很远的位置。这种类型的透视图，画面表现范围广而不失灵活性，因而被广泛使用（见图 2-21 ～图 2-25）。

图 2-21　餐厅设计
作者：吴安生　工具及材料：针管笔、复印纸。
平角透视既有平行透视的纵深感，又有成角透视的视觉冲击力。

图 2-22 中式起居室设计

作者：吴安生　工具及材料：针管笔、复印纸。

对称式造型的室内空间运用平角透视规律作图，避免了呆板现象的出现。

图 2-23 中式起居室设计

作者：吴安生　工具及材料：针管笔、复印纸。

采用了平角透视能够更加全面地表现空间。

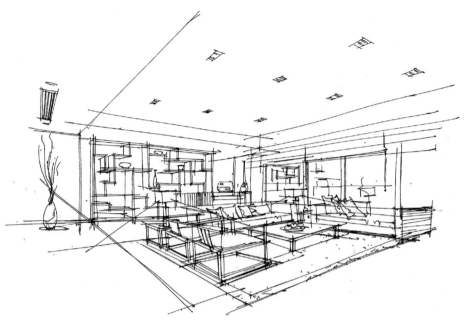

图 2-24 新中式起居室设计
作者：吴安生 工具及材料：针管笔、复印纸。
平角透视视觉中心外的一点可近可远，主要看想表达的效果。

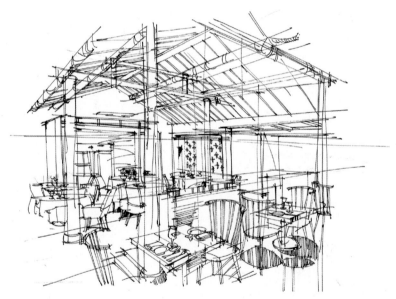

图 2-25 中式餐饮空间设计
作者：吴安生 工具及材料：针管笔、复印纸。
平角透视使空间结构更加明确。

平角透视的作图要点：

（1）画面外的消失点距离过近，会导致画面失真变形（见图 2-26）。

（2）两个消失点不处于同一视平线上，画面扭曲（见图 2-27）。

室内空间的构图要根据室内设计的具体内容和空间形态的特征来进行，同一个空间选择不同种类的透视方法可以表现出不同构图的画面。因此，应根据相应的侧重点选用相应的透视规律作图。

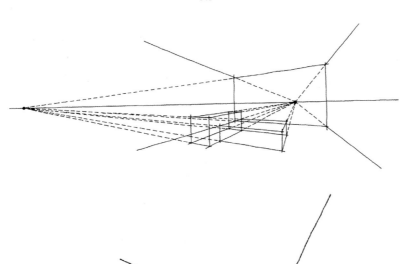

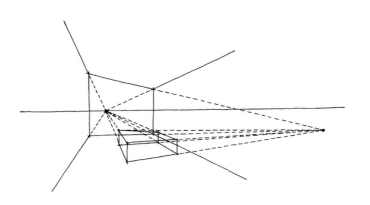

图 2-26

图 2-27

# 第3章　室内设计手绘效果图快速表达基础练习

第3、4章课件

## 一、线稿练习

线稿绘制是手绘效果图中不可缺少的一项基本功。在方案的推敲过程中，速写是记录思维活动、体现构思创意、使抽象思维具象化的重要手段。绘制线稿不仅可以锻炼设计师的观察能力和造型表达能力，还可以培养和提高其艺术审美等能力。

室内设计手绘效果图快速表现技法的特点是快速、简练、概括、生动、个性鲜明。要练就这些判断准确、一气呵成的基本功，绘制线稿是最好的练习方法。线稿训练的目的可以分为：以空间透视概念训练为目的，主要对建筑的内、外部空间进行写生；以概括提炼训练为目的，主要对零散、繁锁的实景场地或照片进行写生；以素材的收集、信息的存储训练为目的，主要对杂志、书籍上的照片进行临摹和整理（见图3-1～图3-36）。

线稿练习可以单纯练习线条造型，也可以是以线条为主，按与明暗调子相结合。

图 3-1　大堂吧设计

作者：吴安生　工具及材料：针管笔、复印纸。

图 3-2 餐饮空间公共区域
作者：吴安生　工具及材料：针管笔、复印纸。

图 3-3 大堂设计
作者：吴安生　工具及材料：针管笔、复印纸。

图 3-4　居住空间设计
作者：吴安生　工具及材料：针管笔、复印纸。

图 3-5　居住空间设计
作者：吴安生　工具及材料：针管笔、复印纸。

图 3-6　咖啡厅设计
作者：吴安生　工具及材料：针管笔、复印纸。

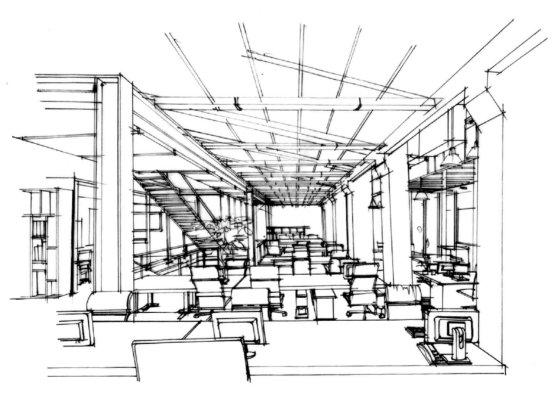

图 3-7　咖啡厅设计
作者：吴安生　工具及材料：针管笔、复印纸。

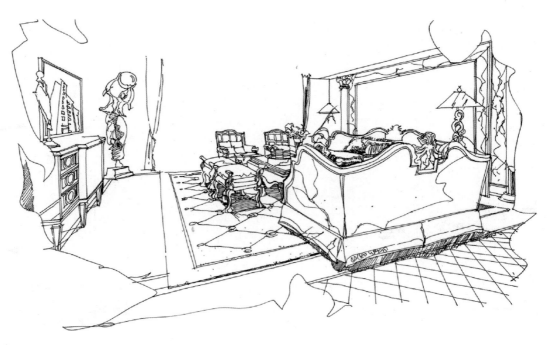

图 3-8　别墅室内设计
作者：吴安生　工具及材料：针管笔、复印纸。

图 3-9　别墅室内设计
作者：吴安生　工具及材料：针管笔、复印纸。

图 3-10 办公室设计
作者: 吴安生 工具及材料: 针管笔、复印纸。

图 3-11 餐饮空间室内设计
作者: 吴安生 工具及材料: 针管笔、复印纸。

图 3-12 别墅室内设计
作者：吴安生　工具及材料：针管笔、复印纸。

图 3-13 私人工作室室内设计
作者：吴安生　工具及材料：针管笔、复印纸。

图 3-14 私人工作室室内设计
作者：吴安生　工具及材料：针管笔、复印纸。

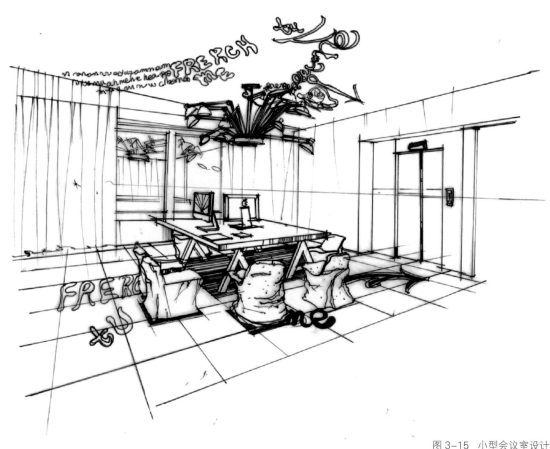

图 3-15 小型会议室设计
作者：吴安生　工具及材料：针管笔、复印纸。

图 3-16 书吧设计
作者：吴安生　工具及材料：针管笔、复印纸。

图 3-17 卧室设计
作者：吴安生　工具及材料：针管笔、复印纸。

图 3-18 餐厅设计
作者：吴安生　工具及材料：针管笔、复印纸。

图 3-19　客厅设计

作者：吴安生　　工具及材料：针管笔、复印纸。

图 3-20　餐厅设计

作者：吴安生　　工具及材料：针管笔、复印纸。

图 3-21 中式客厅设计
作者：吴安生　工具及材料：针管笔、复印纸。

图 3-22 家居空间卧室设计
作者：吴安生　工具及材料：针管笔、复印纸。

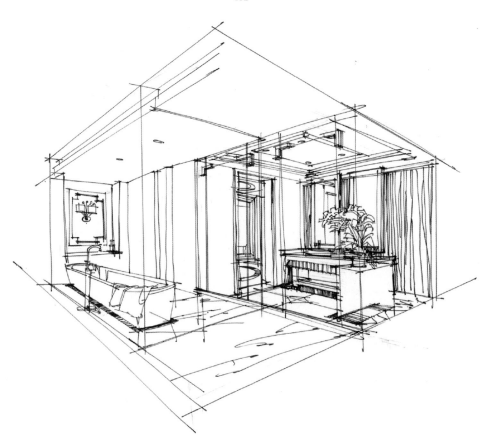

图 3-23 卫生间设计
作者：吴安生　工具及材料：针管笔、复印纸。

图 3-24 露天咖啡厅设计
作者：吴安生　工具及材料：针管笔、复印纸。

图 3-25　餐厅设计
作者：吴安生　工具及材料：针管笔、复印纸。

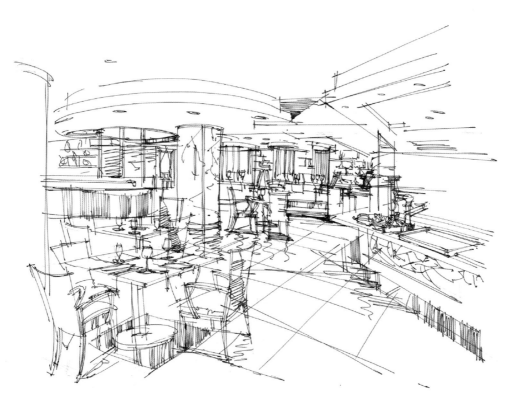

图 3-26　餐厅设计
作者：吴安生　工具及材料：针管笔、复印纸。

图 3-27　餐厅设计

作者：吴安生　工具及材料：针管笔、复印纸。

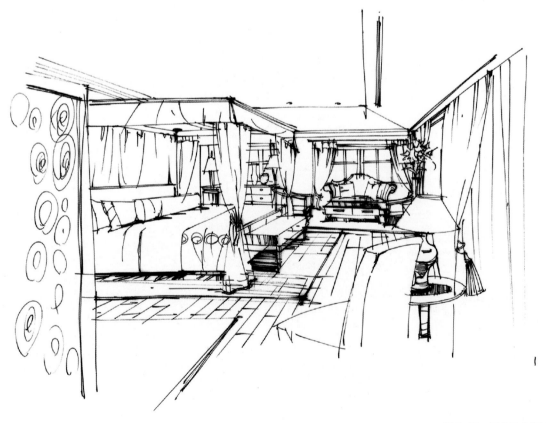

图 3-28　酒店卧室设计

作者：吴安生　工具及材料：针管笔、复印纸。

图 3-29 别墅客厅设计
作者：吴安生　工具及材料：针管笔、复印纸。

图 3-30 办公室休闲区设计
作者：吴安生　工具及材料：针管笔、复印纸。

图 3-31 大堂休息区设计
作者：吴安生　工具及材料：针管笔、复印纸。

图 3-32 茶餐厅设计
作者：吴安生　工具及材料：针管笔、复印纸。

图 3-33 居住空间餐厅设计
作者：吴安生　工具及材料：针管笔、复印纸。

图 3-34 别墅卧室设计
作者：吴安生　工具及材料：针管笔、复印纸。

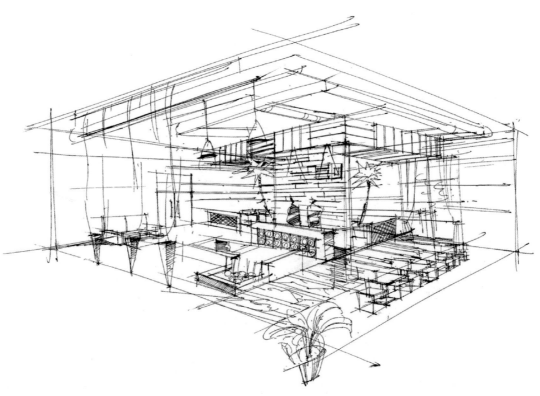

图 3-35　大堂设计
作者：吴安生　工具及材料：针管笔、复印纸。

图 3-36　大堂设计
作者：吴安生　工具及材料：针管笔、复印纸。

（一）单纯线条的速写训练要点

1.线条要连贯，忌短小、零碎、浮躁。

2.线条要活泼，有力度感，忌死板、无变化、羸弱。

3.线条要富于变化，有节奏，要抑扬顿挫、虚实相间。

（二）线条与明暗相结合的速写训练要点

1.线条、明暗的结合要自然，忌线面分离。

2.可适当弱化光影关系，强化材料本身的组织规律，如木纹。

3.忌不加分析地抄袭明暗关系，可主观强化重点。

4.明暗关系要讲究呼应、均衡，忌毫无联系。

## 二、家具与陈设练习

### （一）家具与陈设简介

家具是人们日常生活中不可缺少的生活起居用具。家具的历史非常悠久。伴随着人类的文明的进程，社会在不断地进步，家具也在不断发展。家具的制造水平反映了不同时代人类的生活和生产力水平，其融科学、技术、材料、文化和艺术于一体。家具除了具有实用功能外，还是一种具有丰富文化形态的艺术品。在人类文明几千年的发展历史中，家具设计和建筑、雕塑、绘画等造型艺术同步发展，是人类历史文化艺术中非常重要的成果。

19 世纪欧洲工业革命前的家具，基本都处于木作状态。东西方家具一直在木器的范畴中不断改进家具的造型和工艺技术，后来逐步演变为一种精雕细刻的手工艺品，再后来家具开始过分追求装饰，不再以实用功能为主，衍生成为某个当权阶级服务的艺术品。

欧洲工业革命后，家具的发展步入工业化批量生产的时代，受到现代设计思想的引导下，家具开始以"以人为本"为设计原则，摒弃了奢华的雕饰，提炼了抽象的造型，从而结束了木器手工艺的历史，进入了机器大批量生产时代。

现代家具的设计内容几乎涵盖了所有的设计内容，涉及环境产品、城市设施、家庭空间、公共空间和工业产品等方面。家具所包含的内容在不断扩大，功能也在不断地增多，造型有了更加多元的变化，成为一种重要的物质器具和文化载体。

家具的英文为 furniture, funishing，来自于法文 founiture 和拉丁文 mobilis，即家具又可以是设备、可移动的装置、陈设品、服饰品等。

#### 1.现代家具的特性

（1）家具使用广泛性。

在古代，家具已得到了广泛的应用，家具在现代社会生活中更是无所不在、无处不有。家具用它独特的功能贯穿于现代生活的每一个环节：工作、学习、教学、科研、交往、旅游以及娱乐、休息等。随着社会的发展和科学技术的进步，以及生活方式的变化，家具也处在不断发展变化之中。

近年来，随着我国社会的不断进步，酒店的家具、商场的家具、办公场所的家具，以及民用家具中的桌子、椅子、音响、视听室家具、儿童房家具等日渐丰富多样，特别近十几年来产生的SOHO办公家具，更是现代家具发展过程中产生的新门类。它们以不同的功能、特性，不同的文化样式，满足了不同使用群体的不同使用功能需要和心理需求。

（2）家具功能的两重性。

家具不仅仅是具有单一功能的物件，更多的时候被定义为艺术品。它既要具备某些特定的用途，又要供人们观赏，使人在接触和使用过程中产生某种审美快感和引发丰富的联想。它既涉及材料、工艺、设备、化工、电器、五金、塑料等技术领域，又与社会学、行为学、美学、心理学等社会学科以及造型艺术理论密切相关。所以，家具既有满足人们的物质需求的功能，又有满足人们精神追求方面的功能。这是家具的双重特性。

（3）家具的社会性。

家具在一定意义上反映了一个国家或地区在某一历史时期的社会生活方式、社会物质文明水平、历史文化特征以及社会对财富的分配情况，是某一国家或地域在某一历史时期社会生产力发展水平的标志，是某种生活方式的缩影，是某种文化形态的显现。因此，家具凝聚了丰富而深刻的社会性。这些从家具的类型、数量、功能、形式、风格和制作水平，都可以体现出来。

2. 家具与生活方式

生活方式体现了人们的生活态度。一般来说，生活方式在一定的生产方式基础上产生，在诸多主客观条件下形成和发展的人们生活的典型方式和总体特征。不同的个人、群体、阶级、民族、国家和社会形态都有不同的生活方式，而在每一个特定的社会形态和历史发展阶段中，生活方式又能够体现时代和社会的本质属性。生活方式的形成和发展除了受生产方式的制约外，还要受到自然环境、政治制度、社会思想、科学文化、历史沿革、人文风貌、社会心理等因素的影响。

家具是生活方式的缩影，不同生活方式的人会选择不同的家具。如日本、韩国在生活起居方面和欧美各国大有不同。人们的生活情趣、生活态度也会影响其对家具的选择，如享受生活的人会选择舒适的家具，严谨的人会选择规整的家具，时尚的人会选择前卫的家具，保守的人会选择古典风格的家具等。设计家具样式就是设计一种生活方式。

3. 家具与文化形态

（1）家具的文化概念。

文化有广义和狭义之别，人类社会意识形态及与之相适应的制度和设施，这是一种狭义的文化概念。而广义的文化是指人类所创造的物质和精神财富的总和。"文化"是一个不断发展的概念，时至今日，人们多采用规范性的定义，即把文化看作一种生活方式、样式或行为模式。人类的一切文化都是从造物开始的。人类首先创造概念的符号：语言、图像、色彩、形态、内容、文字……这些符号作为人类认识和实践的工具，又进一步促进了造物活动的深化。中外家具的发展史便是人类造物活动的历史。

家具作为一种非常重要的物质文化载体，表现为直接为人类社会的生产生活和人们的学习、交际和文化娱乐等活动服务。家具是一门艺术，它结合环境艺术、造型艺术和装饰艺术等，直接反映我们创造了什么样的艺术文化，它以自己特有的形象和符号来影响和沟通人的情感，从而对人的情感、心理产生一定的影响。因此，家具具有历史的连续性和对未来的限定性。

（2）家具具有整合文化的功能。

家具文化是物质文化、精神文化和艺术文化的整合。

作为一种物质文化，家具标志着人类社会发展水平、物质生活水平和科学技术发展水平。家具的造型品种、数量生产方式体现了人类从古至今的发展和进步程度。家具材料是人类利用大自然和改造大自然的系统记录，从一个侧面体现了科学的发展水平和时代文化的审美情趣，更体现了人类社会的发展状态。

从精神文化方面来讲，家具具有教育功能、审美功能、对话功能、娱乐功能等。家具以其特有的功能形式和艺术形象长期地呈现在人们的生活空间中，潜移默化地唤起人们的审美情趣，培养人们的审美情操，提高人们的审美能力。

从艺术文化的角度看，家具直接或间接地通过隐喻符号或文脉思想，反映当时的社会思想与宗教意识，实现象征功能与对话功能。

（3）家具文化的特征。

家具内含丰富的时代文化信息，又能够直接体现时代的文化发展形态。家具文化类型众多，风格各异，而且随着社会的发展，这种类型风格会不断变化和更新。家具在发展过程中会反映出很多的不同方面的文化特性和特征。

地域性特征——地域的差异、自然资源的差异、气候生活习惯的差异，必然会产生人的性格差异，进而产生不同的家具特性。就我国南、北方的差异而言，北方山雄地阔，北方人性格质朴粗犷，家具则相应表现为大尺度、重实体，端庄稳定。南方山青水秀，南方人文静细腻，家具造型则表现为精致柔和奇巧多变。关于家具造型，过去有"南方的腿北方的帽"之说，意思是北方家具中的柜子讲究大帽盖，多显沉重；而南方的家具则追求脚型的变化，显得十分秀气。在家具色彩方面，北方多用庄重、凝重的色彩，南方则更喜欢淡雅清新，这跟南北的建筑风格相对应。

时代性特征——家具的发展有非常显著的阶段性，这和整个人类文化的发展过程一样，即不同历史时期的家具风格显现出家具文化不同的时代特征。古代、中世纪、文艺复兴时期、现代和后现代，不同时期的家具均表现出各自不同的风格与个性。

手工制作是农业社会中家具最典型的特征，因而家具的风格主要是古典式，或精雕细琢，或简洁质朴，均留下了明显的手工痕迹。

家具在工业社会的最显著特点是工业化批量生产，产品的风格则表现为现代式，造型简洁平直，几乎没有特别的装饰，主要追求一种实用性和技术的革新性。这个时期是现代主义家具的大发展时期，涌现出了许多现代设计师。

在当代社会信息量爆炸的时代，家具转而注重文脉的表现和文化的涵盖，这时候的家具风格呈现出多元的发展趋势，既要现代化，要反映当代人的生活方式，反映当代的技术、材料和经济特点，又要在家具艺术语言上与地域、民族、传统、历史等方面进行同构与兼容。从共性走向个性，从单一走向多样，家具均表现出强烈的个人色彩，这是当代家具所表现出来的特点。

4. 家具在室内环境中的作用

家具在室内环境中的作用表现为物质功能和精神功能两个方面。

（1）物质功能。

家具具有组织空间的作用，在一定的室内空间中，人从事的活动或采取生活方式是多样的。也就是说，在同一室内空间中要求有多种使用功能，要合理地组织和满足多种使用功能就必须依靠家具的布置。尽管这些家具不具备封闭和遮挡视线的功能，但可以围合出不同用途的使用区域，并且可以组织人们在室内的行动路线。

在起居室中，常用沙发和茶几组成休息、会客、家庭聚谈的区域，有时加上壁炉或组合壁柜架，形成家庭的起居生活中心。有些住宅的较大客厅，除了布置起居中心外，还可利用餐桌椅或吧台等划分出餐饮区域。在一些宾馆大堂中，由于不希望有遮挡视线的分隔物，但又要满足宾客的等候、会客、休息等功能要求，常常用沙发、茶几、地毯等共同围合成多个休息区域，在心理上划分出相对独立、不受干扰的虚拟空间，从而改变大堂空旷的空间感觉。在一些餐厅、咖啡厅，常利用火车座式的厢座，围成一个个相对独立的小空间，以取得相对安静的小天地；在会议室，我们用各种形状的会议桌加上周围的坐椅，将人们向心地聚在一起以便讨论工作。在学校的建筑中，常利用座椅来组织同学们的行动路线，把讲台抬高，从而划分出讲课的区域。

家具具有分隔空间的作用，为了提高使用的灵活性和利用率，在室内空间的设计中，可以用家具来分隔空间。选用的家具一般都具有适当的高度和视线遮挡的作用，在通透的空间办公楼中，办公家具的遮挡可以形成一个独立的空间，可以使其兼具写字台、打字室、电脑操作台、文件贮藏室的功能。可以在办公家具中加入半高的、可遮挡视线的隔板，同时把单元与单元之间连接起来，还可以根据情况灵活调整。这种可拆卸组合的家具在空间的分割上具有很多的可能性。

在一些室内设计中，如果用固定的隔墙来分隔空间，不仅会占据空间使用的面积，而且会使空间灵活性降低。因此，利用家具来分隔空间，不仅可以分隔空间，而且能够使空间变得灵活，空间中的视野也会变得更加开阔，这与现代设计的理念是不谋而合的。

家具具有填补空间的作用，在空间的设计中，家具的大小、位置成为设计中的重要因素，因此家具可以完善整个空间格局。室内家具的空间摆放不合理、不均衡时，设计者可以选用一些辅助家具，如柜、几、架等布置于空缺的地位或恰当的墙面上，使室内空间布局取得均衡与稳定的效果。

另外，在空间组合中，经常会出现一些尺度低矮的造型、比较奇特的难以正常使用的空间，如果在其中布置合适的家具，这些无用或难用的空间就会变成有用的空间。如阁楼中存在一部分低矮不规则的空间，我们就可以布置床或沙发来填补这个空间；在低矮的阁楼空间中也可设置一些架子，作为储物之用。

家具具有间接扩大空间的作用,利用家具的多用途、叠合性可以扩大空间。比如,用壁柜、壁架方式,可以利用过道、门廊上部或楼梯底部、墙角等闲置空间,扩大储藏空间。

折叠式家具能充分扩展空间,翻板书桌、翻板床、多用沙发、折叠椅,可以使同一空间在不同时间具有多种功用。还可以设计嵌入墙内的柜架,内凹的空间可以使人的视觉得以延伸,起到扩大空间的效果。

(2)家具的精神功能。

家具可以陶冶人们的审美情趣。

家具是一种非常普及的室内装饰产品,它在人们的生活中扮演着重要的角色。选择家具在一定程度上反映了人们对美的追求倾向。不同年龄、不同文化层次的人在使用家具时,会有不同的审美观,因而对家具的选择表现出了人们的审美情趣和价值取向。

家具可以反映民族文化和营造特定的环境氛围。

每个民族都有不同的文化形态,也会产生不同的家具文化。由于家具的艺术造型及风格带有强烈的地方性和民族性,因此在室内设计中,常常利用家具来加强设计的民族传统文化的表现及营造特定的环境氛围。

在近些年的家具设计比赛中,中国传统文化得到了高度重视,每名参赛设计师都很注重中华传统文化的体现。"民族的就是世界的",只有体现自己的民族特色,才能在横向的对比中显示出特点和优势,自己的理念才能被更多的人接受。中国明代家具是中国家具发展的顶峰,形式造型多样,是现代中式设计重要的参考对象。中国园林艺术、中国传统建筑等中国元素都可以成为家具设计的参考对象。

家具可以调节室内色彩环境。

家具在室内环境中占有相当大的面积,室内色彩环境是由构成室内环境的各个元素的材料固有颜色共同组成的,其中包括相互影响的色彩倾向,也包括家具本身的固有色彩。由于家具在室内的面积较大,因此家具的色彩在整个室内环境中具有举足轻重的作用。在室内色彩设计中,一般的大面积的颜色会采用相同色或者相近色、小面积的色彩一般采用对比色调。在一个色调沉稳的客厅中,一组色调明亮的沙发会产生精神振奋,吸引视线,从而形成视觉中心的作用。在色彩明亮的客厅中,几个彩度鲜艳、明度深沉的靠垫会造成一种力度感。在室内设计中,一般会用家具和饰品来调和颜色。在宾馆客房,常将床上织物与座椅织物及窗帘等组成统一的色调,有的时候甚至会采用相同的纹样来控制室内的色彩,创造宁静舒适的色彩环境。

## (二)家具的练习

沙发、椅子、桌子、写字台、床、台灯、吊灯、艺术品等家具及陈设物品是室内空间构成的主要元素,也是画面的视觉中心和表现要点。表现技法练习从这些简单的要素着手更容易取得事半功倍的效果。家具的练习应该从单体开始,只有掌握家具的结构关系和透视规律之后,才能进入家具的组合练习阶段。组合练习与单体练习的不同之处在于,不仅要理解家具的结构和掌握透视规律,还要考虑家具与家具间的组合关系以及透视比例关系,绘制出来的组合家具要有整体感,要给人以组合配套的感觉。

家具及陈设练习是学习手绘效果图表现技法的重要内容之一,要快速表现就要学会概括、提炼,要在保持元素特征的基础上表现出形、光、色、质等具体属性,使其形象更具有典型特征。无论是临摹照片还是仿制他人的效果图,初学者最容易犯看一眼画一笔的毛病。用这种方法画出来的画面缺乏整体感,透视也不准确。学习者应该培养自己对形体和色彩的掌控能力,在分析和理解家具及陈设物品的结构及色泽之后,将其形象整体再现出来。这时候要将注意力放在画面的透视处理和着色运笔上,这样绘制出来的画面结构、空间比例就会更准确,色调更和谐(见图 3-37 ~ 图 3-62)。

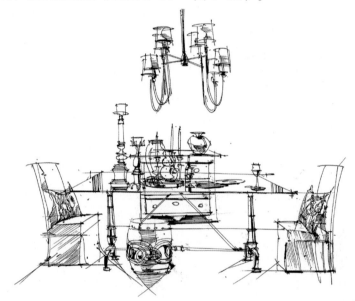

图 3-37 家具组合表现
作者:吴安生 工具及材料:针管笔、复印纸。

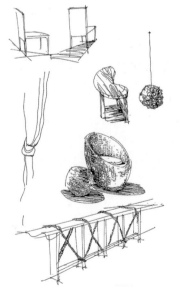

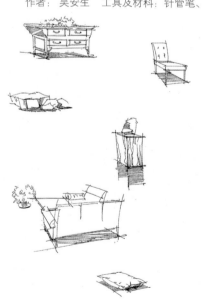

图 3-38 家具表现
作者:吴安生 工具及材料:针管笔、复印纸。

图 3-39 家具表现
作者:吴安生 工具及材料:针管笔、复印纸。

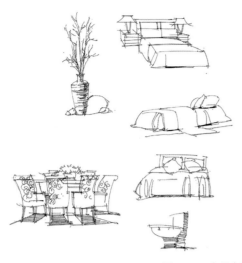

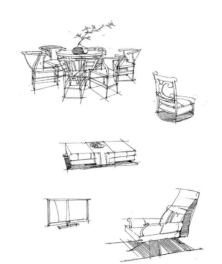

图 3-40 家具表现
作者：吴安生　工具及材料：针管笔、复印纸。

图 3-41 家具表现
作者：吴安生　工具及材料：针管笔、复印纸。

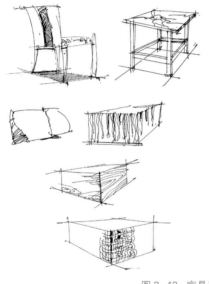

图 3-42 家具表现
作者：吴安生　工具及材料：针管笔、复印纸。

图 3-43 家具表现
作者：吴安生　工具及材料：针管笔、复印纸。

图 3-44 家具表现
作者：吴安生　工具及材料：针管笔、复印纸。

图 3-45  家具表现
作者：吴安生　工具及材料：针管笔、复印纸。

图 3-46 家具表现

作者：吴安生 工具及材料：针管笔、复印纸。

图 3-47 家具表现

作者：吴安生 工具及材料：针管笔、复印纸。

图 3-48　家具表现
作者：吴安生　工具及材料：针管笔、复印纸、马克笔、彩铅。

图 3-49　家具表现
作者：吴安生　工具及材料：针管笔、复印纸、马克笔、彩铅。

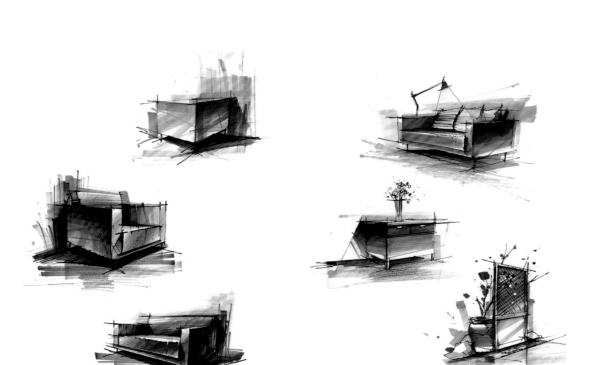

图 3-50　家具表现
作者: 吴安生　工具及材料: 针管笔、复印纸、马克笔、彩铅。

图 3-51　家具表现
作者: 吴安生　工具及材料: 针管笔、复印纸、马克笔、彩铅。

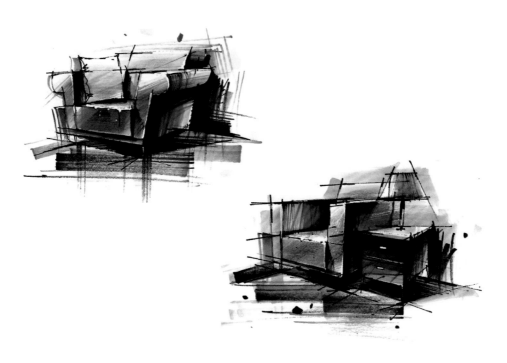

图 3-52　家具表现
作者: 吴安生　工具及材料: 针管笔、复印纸、马克笔、彩铅。

图 3-53　家具、室内局部表现

作者：吴安生　工具及材料：针管笔、复印纸、马克笔。

图 3-54　家具、室内局部表现

作者：吴安生　工具及材料：针管笔、复印纸、马克笔、彩铅。

图 3-55　家具、室内局部表现

作者：吴安生　工具及材料：针管笔、复印纸、马克笔、

彩铅、涂改液。

图 3-56　家具、室内局部表现
作者：吴安生　工具及材料：针管笔、复印纸、马克笔、彩铅。

图 3-57　家具、室内局部表现
作者：吴安生　工具及材料：针管笔、复印纸、马克笔、彩铅。

图 3-58　家具、室内局部表现
作者：吴安生　工具及材料：针管笔、复印纸、马克笔、彩铅。

图

3-59 家具、室内局部表现

作者：吴安生　工具及材料：针管笔、复印纸、马克笔、彩铅。

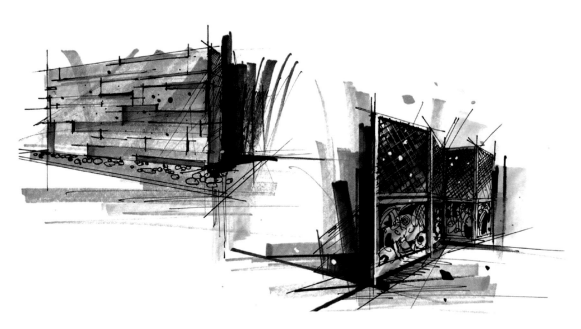

图3-60 家具表现

作者：吴安生　工具及材料：针管笔、复印纸、马克笔、彩铅。

图 3-61  植物、陈设表现
作者：吴安生　工具及材料：针管笔、复印纸、马克笔、彩铅。

图 3-62  植物、陈设表现
作者：吴安生　工具及材料：针管笔、复印纸、马克笔、彩铅。

## 三、临摹练习

临摹练习分为照片、资料的临摹和优秀手绘效果图的临摹。照片资料的临摹不仅可以收集资料，更重要的是可以对室内空间的形、光、色、质感、构图等因素进行深入的学习，培养画面的表现能力和整体协调能力。此外，临摹专业的室内手绘快速表现图的优秀范例，可以学习优秀的画面处理技巧，包括构图的处理技巧、形体的处理技巧、色调的处理技巧、质感的处理技巧等。优秀范例的临摹练习是建立在别人成功经验基础之上的练习，是一种"拿来主义"，也是提高室内手绘效果图快速表现能力的一个重要途径（见图 3-63 ~ 图 3-71）。

图 3-63  餐饮空间照片　　　　　　图 3-64  餐饮空间照片临摹局部
作者：黄磊

对于照片和资料的临摹练习，要尽可能地避免照抄的现象。如在线稿阶段，把要表现的空间区域推进到会客区，从而保证画面的完整性。在保持色调统一的基础上，有意识地调整左右两侧墙体的色泽，重点突出组合家具和正面墙体的光影效果，有效地形成画面的视觉中心。

图 3-65  餐饮空间照片临摹
作者：黄磊　　工具及材料：针管笔、复印纸、马克笔、彩铅。

处理夜间的室内效果，首先要将窗外的环境色彩明度降低，使之成为画面中的重色层次。其蓝灰色调正好衬托室内的暖调气氛。其次，在室内空间的表现上，通过地面光影的轻重来强调空间的主从关系，左侧的植物是为了增加垂直方向的节奏感而补加进去的，是设计师的主观行为。

图 3-66　酒店包房照片

图 3-67　酒店包房临摹

作者：黄磊

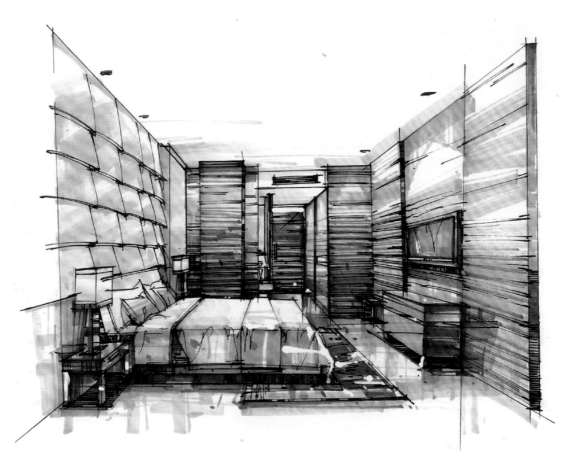

图 3-68　酒店包房临摹

作者：黄磊　工具及材料：针管笔、复印纸、马克笔．

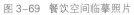
图 3-69  餐饮空间临摹照片　　　　　　　　图 3-70  餐饮空间临摹 局部

图 3-71  餐饮空间临摹
作者：黄磊　工具及材料：针管笔、复印纸、马克笔。

# 第4章　室内设计手绘效果图快速表现技法要点

## 一、形体的表现

物质形态不论是自然的有机形态还是人工的几何形态，都可以理解为组合在一起的几何要素。因此，我们可以把复杂的形体分解成简单的几何形体的构成来理解。在入门阶段的基础练习中，应该从简单的几何形体开始，循序渐进，过渡到复杂的群体组合关系中，以便于初学者对空间形体的理解和把握（见图 4-1 ～图 4-5）。

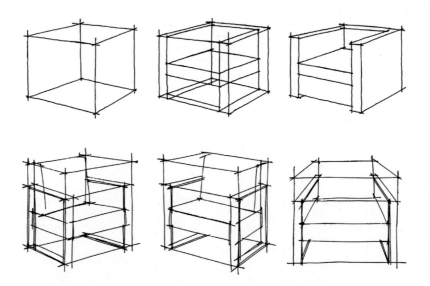

图 4-1　形体表现
作者：黄磊　工具及材料：针管笔、复印纸。

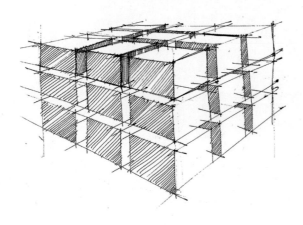

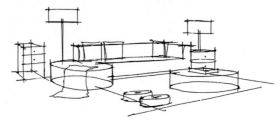

图 4-2　形体表现
作者：黄磊　工具及材料：针管笔、复印纸。

图 4-3　形体组合表现
作者：黄磊　工具及材料：针管笔、复印纸。

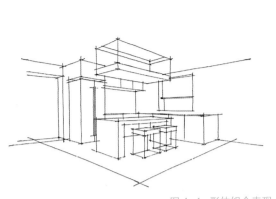

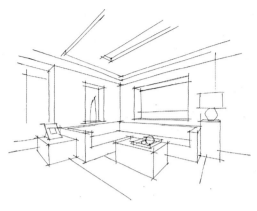

图 4-4 形体组合表现
作者：黄磊　工具及材料：针管笔、复印纸。

图 4-5 形体组合表现
作者：黄磊　工具及材料：针管笔、复印纸。

## 二、马克笔用笔技法

马克笔分油性与水性两种。笔尖分有宽头和尖头，前者适于画面，后者适于画线。麦克笔中的灰色系列与其他颜色叠加可产生丰富的色彩变化。使用马克笔宜用专用纸或硫酸纸，可以避免其他纸张画面渗透或不易着色。用硫酸纸绘图可在正反两面上色，以造成灰度的变化，用以描绘中景与远景，且由于色的渗透使色与色之间有调和的机会，会产生水彩退晕效果。马克笔的作画步骤与水彩画相似，关键在于用线条画出空间结构，且线条要明确。定出视点与视觉中心，把握住形的转折与变化，在空间中可绘出一些人物以丰富画面。画好空间后，便可以上色。先确定天、地、墙所用色彩，用马克笔的宽头描出较平整的面，线条排列要规则，用力要均匀，利用宽线的组合强化空间的变化，如近处墙面、线可排密或叠加，远处可稀疏排列，也可远深近浅，在阴影或暗部用叠加方法分出层次及色彩变化。

在线描表现的基础上，可以用许多材料和技法进行较深入的刻画。通常，绘制室内效果图和室外景观效果图的时候，我们选择用马克笔来进行表现。因此，马克笔的用法以及笔触的表现形式也很多，只有灵活地运用马克笔以及马克笔笔触的变换，才能使画面变得更加生动，更加丰富。马克笔的笔尖一般分为粗细两头。在运用宽头的时候，可以根据笔头的不同角度以及调整笔头的倾斜度，来控制线条的粗细变化，以达到生动的笔触效果。

### （一）马克笔排笔

线笔：可产生曲线、直线、粗线、细线、长线、短线等变化。

排笔：笔触重复排列，多用于表达大体块、大面积的背景及物体等。

叠笔：笔触的重复叠加，多用于强调效果图的生动性及色彩的层次和变化。

点笔：起到活跃画面的作用。

乱笔：多用于强调画面的笔触效果，形态往往随绘画者心情而定，但绘画者对画面要有一定的控制能力。

### （二）笔触的轻、重、缓、急

"轻""重""缓""急"，这是运用马克笔技法，特别是笔触时的一种形式规律，一种独到的见解，该重的地方不能轻，该快的地方不能犹豫，每个笔触都要运用得恰到好处。只有这样，才能完成一张优秀的效果图。例如，我们将立方体作为某物体的立面，对其进行着色，从图中我们可以看出上色后强烈的对比效果。对比是艺术表现中常用的形式法则，效果图更是如此，多方面的因素只有通过对比才能表现出来，才有活力，笔触的运用也是如此。

马克笔笔触表现中的对比主要包括以下几种：疏密的对比、面积的对比、粗细的对比、曲直的对比、长短的对比等。这些笔触的对比一定要强烈，只有在视觉上具有强烈的冲击感，画面才会有"出其不意"的惊叹之感。

### （三）马克笔使用要快、准、稳

在运用马克笔的时候，一定要注意这三点。用马克笔绘画时速度要快，不要犹豫，要有肯定的力度。所以在作画的时候，如果想要笔触柔和一些，就要把握好手的力度，收笔时用力要稍轻。如果有规定的区域范围，可以根据面积大小调整自己的力度，这样效果就会很好。所以，要均匀地涂出规定的色块，需要快速、均匀地运笔。马克笔的笔头宽度基本上是固定的，因此表现大面积的色彩时要注意排笔的均匀，或概括性地表达。通过笔触的排列，画出三四个层次即可。见图 4-6 ~ 图 4-8。

图 4-6　马克笔用笔训练
作者：黄磊　工具及材料：马克笔、复印纸。

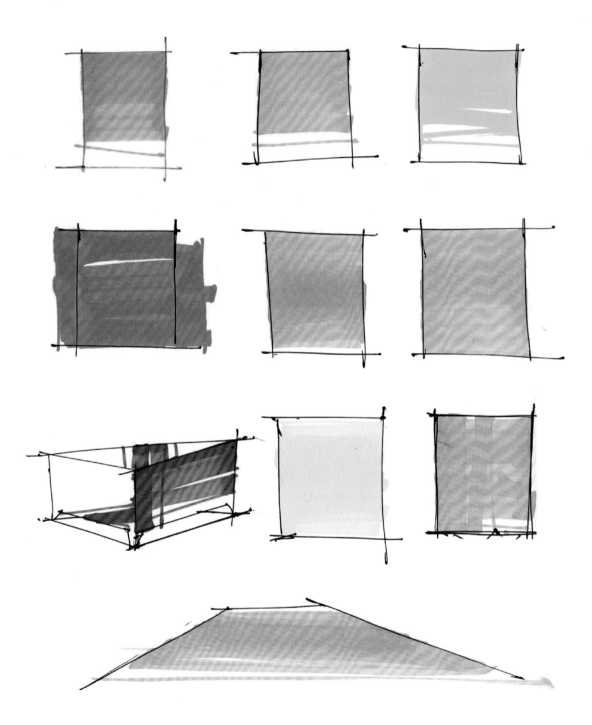

图 4-7 马克笔用笔训练
作者：黄磊 工具及材料：马克笔、复印纸。

图 4-8　马克笔用笔训练
作者：黄磊　工具及材料：马克笔、复印纸。

## （四）给物体着色技法

先用针管笔起稿，尽量做到精细。为了区分亮面和暗面，可画出阴影。效果图的上色与纯绘画的色彩上色基本相同，但效果图的色彩会让人感觉更加简洁概括，因为它主要强调物体的固有色，环境色考虑得相对较少。

1. 马克笔手绘效果图

（1）根据作品的需要，先用灰色系将图中基本的明暗关系表现出来。

（2）马克笔不具有较强的覆盖性，淡色无法覆盖深色。所以，在给效果图上色的过程中，应该先上浅色，然后覆盖较深重的颜色，注意色彩之间的衔接。在运笔的过程中，由于马克笔的特殊性，用笔的遍数不宜过多。在第一遍颜色干透后，再进行第二遍上色，笔触要准确、快速，否则色彩会渗出。

（3）用马克笔表现时，笔触大多以排笔为主，所以排笔的方向、力度、疏密要控制好，这样有利于形成统一的画面风格。

（4）单纯地运用马克笔可能无法完全达到预期的效果。所以，应与彩铅笔、色粉笔等工具结合起来使用。用漆笔表现高光及亮的部分，画面上会出现令人惊叹的效果（见图4-9）。

图 4-9　阅读室设计
作者：黄磊　工具及材料：马克笔、复印纸、针管笔、彩铅。

2. 绘画过程中细节问题的解决

（1）同类色彩叠加技巧。

马克笔中冷色与暖色系列按照排序都有相对比较接近的颜色，表现受光物体的亮面时，应用浅色画，在物体受光边缘处留白，然后再用同色系稍微重一点的笔画一部分叠加在浅色上，这样在物体同一受光面可以表现出不同层次。用笔要有规律，同一个方向基本成平行方向排列的状态。物体背光处要运用对比强烈的同类重颜色，绘制方法与上面相同。物体投影明暗交界处，可用同类颜色叠加数笔以强调效果。

（2）物体亮部及高光处理。

物体受光的亮部颜色要浅，高光处要留白以重点强调，这样可以强化物体的受光状态，便画面更加生动，而且可以强化结构关系。提白、点高光，是作画程序的最后一步。根据画面的具体情况，可在受光处提白线，或者点白处。同时，暗部或光影处也可以用比较重的线叠加重复，强化投影关系。这样处理能加强画面的整体感以及素描结构关系（见图4-10）。

图 4-10 餐厅设计
作者：黄磊　工具及材料：马克笔、复印纸、针管笔、彩铅。

（3）物体暗部及投影处理。

暗部和投影处要先画，要使用灰色系列，以利于控制画面物体的结构关系和整体画面的空间透视关系。在上色之前，物体暗部和投影处的色彩要尽可能统一，尤其是投影处可画重一些，切记暗部不要有太强的冷暖关系。

（4）慎重运用纯颜色。

画面结构形象复杂时，投影关系也随之复杂。在这种情况下，纯度高的颜色要少用。相反，画面结构简单时，可用丰富的色彩调节画面。就画物体或建筑而言，平整面大时，多用纯色对比；灰白色立体结构变化丰富时，应尽可能使用亮色或浅灰色。必须用纯颜色画物体时，而且画面中纯色色相变化丰富、空间面积色彩占有较大比例时，暗部应采用大面积的重色，地面受光区应大面积留白，物体受光区也要适当留白，这样才能保证画面的效果（见图4-11）。

用笔触表现物体的质感、明暗以及细部特征，初学者应该从临摹开始。可适当背记一些范画，从中体会马克笔的表现特点，加深对物体的理解，进而根据实物进行练习，最后达到自由创作的目的。

图4-11 展示馆大厅设计
作者：黄磊　工具及材料：马克笔、复印纸、针管笔、彩铅。

### 3.注意取舍

一张效果图可以从一个或者多个点去描绘，使其出现具有变化的丰富视觉图。但是，一张图万万不能面面俱到，要有一定的取舍，更不能喧宾夺主，要突出重点之处。

### 4.马克笔运用的注意事项

（1）用笔用色要概括，线要有力度，要注意笔触之间的排序。

（2）用笔要随形体走，方可表现形体的结构感。

（3）不要把形体画得太满，要敢于"留白"，使画面透气。

（4）用色不要杂乱，要用最少的颜色表现丰富的效果。画面整体不可以太灰，要有明暗和虚实的对比关系。见图4-12。

图 4-12　别墅卧室设计

作者：黄磊　工具及材料：马克笔、复印纸、针管笔、彩铅。

## 三、室内设计色彩的基本原则与表现技法

### （一）室内设计色彩的基本原则

（1）色彩形式要服从功能。

功能在室内设计中永远是设计者考虑的第一要素，没有功能，设计无从谈起，室内色彩主要应满足使用功能和精神要求。室内色彩设计的目的在于使人们感到舒适。第一要确定空间的使用人群、空间的性质划分，如儿童居室与起居室、老年人的居室与新婚夫妇的居室。使用对象不同或使用功能有明显区别，空间色彩的设计就必须有所区别。

（2）要符合空间的设计需求。

室内色彩的搭配必须符合空间美学的构图原则，使搭配出来的色彩发挥美化空间的作用。要正确处理协调和对比、统一与变化、主体与背景的关系。在进行室内色彩搭配设计时，首先要定好空间色彩的主色调。色彩的主色调在室内气氛中起主导和润色、陪衬、烘托的作用。定位主色调需要考虑诸多问题，主要应考虑室内色彩的亮度、倾向、纯度和对比度，其次要处理好统一与变化的关系。色彩太过呆板没有变化，达不到美的效果。因此，要求在统一的基础上求变化，这样容易取得良好的效果。为了取得统一又有变化的效果，大面积的颜色不应该采用纯度过高的色彩，如墙面、地面和棚面，小面积的色块可适当提高色彩的明度和纯度。此外，室内色彩设计要体现美学规律，尤其应注意稳定感、韵律感和节

奏感。为了达到空间色彩的稳定感，常采用上轻下重的色彩关系。室内色彩的起伏变化，应形成一定的韵律和节奏感，我们应该尊重色彩的美学规律，不能随意搭配。

（3）室内的色彩选择需要尊重人们的空间感受。

我们需要充分利用色彩的物理性能和色彩对人心理的影响，可以改变人们对空间的印象，改变空间尺度、比例、给人的固有印象，分隔、渗透空间，改善空间效果。如在家居环境中，卧室不需要太高的空间尺度，我们可以用暖色彩度较高的颜色减弱空旷感，提高亲切感；墙面过大时，可以采用收缩性质的颜色。柱子过细时，宜用浅色，因为浅色是一种扩大色；柱子过粗时，宜用深色，以减弱笨粗之感。

（4）尊重不同地域的美学价值观。

色彩的搭配受地域条件的制约，室内设计基本规律虽然能够符合多数人的审美要求，但对于不同地域和不同民族来说，由于生活习惯、文化传统和历史沿革不同，人们对色彩的认知各不相同。因此，在室内设计时，我们不单单要了解一般的美学规律，我们更应当尊重不同地域的审美观。

## （二）色彩在室内设计中具有的功能

### 1. 调节人们的心理功能

色彩可以影响人们对于室内温度的感受、对于空间的感觉甚至自身的情绪态度。

首先，色彩具有冷暖的感受。色彩的冷暖感起源于人们对自然界某些事物的联想。例如，从红、橙、黄等暖色会使人联想到太阳、火焰，从而有温暖的感觉；从蓝、白和蓝绿等冷色会联想到、海洋、林荫、冰雪，从而感到清凉。

色彩可以调节情绪。墙面色彩作为装饰手段，能改变居室的外观与格调，因而色彩在墙面设计中受到重视。色彩不占用居室的使用空间，空间结构也无法限制色彩的发挥，因而可以方便灵活的运用色彩来体现不同的居住风格和态度。从色彩心理学上来讲，不同的颜色会对人产生不同的情绪和心理影响。如暖色系列红、黄、橙色，能使人心情舒畅，产生兴奋感，一般都用于餐厅快餐店的设计；而青、灰、绿色等冷色系列则使人感到清静，常用于公共空间的设计如医院等。白、黑色是视觉的两个极点，研究证实，黑色会分散人的注意力，使人产生郁闷、乏味的感觉。长期生活在这样的环境中，人的瞳孔会极度放大，久而久之会对人的健康、寿命产生不利的影响。把房间都布置成白色，有素洁感，但因白色受光比较好，会使空间颜色产生强烈的对比，容易引起人们的不适，进而还会诱发头痛等病症。色彩的明度和纯度也会影响人的情绪。明亮的暖色给人以活泼感，深暗色给人以忧郁感。白色和其他纯色组合会使人感到活泼，而黑色则是忧郁的色彩。色彩的这种心理效应可以被有效地运用。比如，在客厅采光不足的情况下，如果我们采用明亮的颜色，则可以提高空间的明亮程度，使之起到调节情绪的作用。

### 2. 色彩具有改善居住条件的功能

如果宽敞的居室房间需要避免空旷感，可以采用暖色调装修，冷色调、浅色调可以扩大空间感，宜用在户型较小的房间内，在视觉上会让人感觉大些。再者，人口少的家庭居室，配色宜选暖色，这样可以缓解空旷寂寞感。人口多而喧闹的家庭居室宜用冷色。同一家庭，在色彩上也有侧重，卧室装饰色调暖些，可以营造温馨的睡眠环境；书房用淡蓝色装饰，使人能够集中精力学习、研究；餐厅里，暖色的餐桌可以增进人们对于食物的兴趣。对不同的气候条件，运用不同的色彩也可在一定程度上改变环境气氛。在严寒的北方，人们希望室内墙壁、地板、家具、窗帘用暖色装饰，从而给人以温暖的感觉；反之，在气候炎热的南方，采用青、蓝、绿色等冷色搭配室内色彩，可以在感官上给人以凉爽的感受。

### 3. 色彩组织空间的功能

色彩的彩度、明度还可以造成不同的空间感，可产生凸出、凹进或者前进、后退的效果。明度高的暖色有突出、前进的感觉，明度低的冷色有凹进、远离的感觉。色彩的空间感在居室布置中的作用是非常明显的。如果希望墙面给人的感觉是向远处退去，我们就可以选用可产生后退感的颜色，使墙面显得遥远。这样可赋予居室开阔的感觉。墙面的色彩一般是构成整个房间色彩的基调，家具、照明、饰物等色彩分布，都会受到墙面颜色的制约。在设计墙面色彩时，首先要考虑的就是空间的朝向问题。南向和东向的空间光照充足，墙面宜采用淡雅的浅蓝、浅绿冷色调，此时的颜色可以选择相对较深一些的色彩；北向空间或光照不足的空间，墙面应以暖色为主，如奶黄、浅橙、浅咖啡等色，不宜用过深的颜色。墙面的色彩选择要与家具的色彩、室外的环境相协调。墙面的色彩对于家具起背景衬托作用，墙面色彩过于浓郁凝重，则起不到背景作用，所以宜用浅色调。同时，室外的环境光也是我们需要考虑的因素，室外绿化较好的环境，绿色光影散射进入室内，用浅紫、浅黄、浅粉等暖色装饰墙面则会营造出一种宛如户外阳光明媚般的氛围；若室外是大片红砖或其他红色反射，对墙面则可以进行相近色的设计，使设计呈现出统一完整的室内外空间效果。

### （三）色彩与视觉

#### 1. 物体视觉颜色感觉的决定因素

（1）物体的表面有将照射光线反射到空间的特性，这是由物体表面的化学结构与组成、表面物理与表面几何特性所造成的。

（2）光源的不同也会造成物体本身颜色的不同，即光源的波长在相关视觉波段范围内的能量分布，从光源的色品质量而言，也就是指它的色温。

（3）眼睛有感受色彩的能力，这主要是因为视网膜上的视神经系统有光线感受能力、处理与传送光刺激的能力。

以上都是从物理性能的角度来分析物体的色彩。

#### 2. 色彩的三要素

（1）色相。

这是一种最基本的感觉属性，通过这种属性我们可以将光谱上的不同部分区别开来，也即我们常说的按红、橙、黄、绿、青、蓝、紫等色感觉采区分色谱段。缺少色相的话，色彩也就无从谈起，缺少色相属性的色彩也就是我们在黑白电视机上所看到的样子。根据有无色相属性，可以将色彩分为两大体系：有彩色系与非彩色系。

有彩色系——具有色相同性的色觉。有彩色系才具有色相、饱和度和明度三个量度。

非彩色系——不具备色相的颜色。非彩色系只有明度一种量度，这种色彩在色相和饱和度上都是不可调节的。

（2）饱和度。

饱和度取决于色相的属性，色彩所具有的色相的属性决定这种色相所展现出来的鲜艳程度。有彩色系的色彩，其鲜艳程度与饱和度成正比，根据人们使用色素物质的经验。色素浓度愈高，颜色愈浓艳，饱和度也愈高。描述饱和度感觉的程度词是浓、淡、深、浅。非彩色系也就是无彩色系是饱和度等于零的状态，也就是与前面提到过的黑白电视机给我们的视觉感受是一样的。

大量的研究表明，人们对不同饱和度的色彩所展现出来的感受、反应也是不一样的。眼睛对红色的光刺激强烈，对绿色的光刺激最弱。因此，许多地方都喜欢用红色的色系来装点。从生理学的角度来讲，过量地运用红色表现会造成人们的不适，没有人喜欢长时间盯着红色的物体，太多的红色会引起人的烦躁不安的情绪。人们选择红色无非有两种原因：一是红色的颜料价格便宜（红色染料易得到），二是所谓中国人喜欢红色所代表的吉利。这里有风俗习惯的原因，我们在尊重传统的同时也要理性利用色彩。

（3）明度。

明度代表了色彩的明亮程度，是一种重要的视觉属性。这种明暗层次决定于亮度的强弱，即光刺激能量水平的高低。学生在学习中会有这样的误解，即认为有彩色系没有明度属性，这是不对的。在教学中应强调明度这一视觉属性是排除色相属性，只涉及明暗层次的感觉，这样更加能够让学生理解明度对物体造成的影响。就像用黑白全色胶卷拍照片，只记录明暗层次而不记录色相那样。根据明度感觉的强弱，色彩从最明亮到最暗可以分成三段水平，白——高明度端的非彩色觉；黑——低明度端的非彩色宽；灰——介于白与黑之间的中间层次明度感觉。绘画中的雕塑和素描就是利用这种明度层次来表现艺术作品的。

经过研究发现，我们眼睛对于物体的明暗层次感会随光线变暗而变得迟钝。在弱光环境下，我们分辨物体层次的能力会下降。在强光下，眼睛对明暗层次也会变得迟钝。大量研究表明，人眼睛在 555nm 的黄绿色段上视觉最敏感。因此，略带黄绿色的光最醒目。人眼的光谱敏感度与亮度水平有依赖关系。在低亮度水平下，这条光谱机敏度曲线将会向短波方向平移，使人眼对短波系列的色彩变得相对更为敏感，如蓝色和紫色。例如，日暮之后或拂晓之前，室外景色变得幽蓝，蓝紫色的花草或物体变得醒目起来。这为我们设计户外景观设施提供了科学的参考依据。我们可以根据各个地方的日照特点和不同环境设计，选择醒目的色彩基调，同时根据物体的面积和高度选择合适的光照强度。

（四）色彩在视觉上的适应

视觉适应主要包括距离适应、明暗适应、色彩适应、心理适应四个方面。

### 1. 距离的适应

这体现在识别色彩方面。人的眼睛能够在一定的距离之内识别一定区域内的形体与色彩，这主要是基于视觉生理机制具有调整远近距离的适应功能。眼睛构造中的水晶体相当于照相机中的透镜，可以起到调节焦距的作用。由于水晶体能够自动改变厚度，使映像准确地投射到视网膜上，因此，人们的眼睛可以像相机那样调节看物体的焦距，可以观察身边的物体，亦可观察远距离的物体。

### 2. 明暗的适应

在我们的日常生活中经常碰到这种情况，从黑暗的空间突然进入阳光明媚的室外，人的眼睛会出现一瞬间看不见物体的状态，稍后才能适应周围的景物，这一由暗到明的视觉过程称为"明适应"。反之，在晚上刚关闭灯的一刹那，我们会看不清物体，眼前会呈现黑黝黝的一片，过一段时间视觉才能够适应这种暗环境，并随之逐渐看清室内物体的轮廓，这是视觉的"暗适应"。通常，暗适应的过程为 5 ~ 10 分钟，而明适应仅需 0.2 秒。人眼这种独特的视觉功能，主要通过类似于照相机光圈的器官——虹膜对瞳孔大小的控制来调节进入眼球的光量，以适应外部明暗的变化。光线弱时，瞳孔扩大，而光线强时瞳孔则缩小，从而使人在正常范围的情况下，可以分辨造型和物体的色彩。

### 3. 颜色适应

这里先分享一个经典的案例。法国国旗为三色，分别为红、白、蓝。在设计的最初，三种颜色搭配为完全符合物理真实的三条等距色带，但是这种等分给人产生的视觉效果总使人感到三色间的比例不够统一，即白色感觉最宽，红色居中，蓝色最显窄。后来根据专家的意见，把国旗色彩的面积比例调整为红：白：蓝 = 33：30：37 的搭配关系。至此，国旗显示出符合视觉生理等距离感的特殊色彩效果，显得更加的庄重。通过这个故事我们可以了解到色彩本身所展现出来的张力是不同的。

受到色光影响而发生视错的现象在我们的生活中比较常见，这里面有著名的柏金赫现象。根据有关专家的测定，红色在 680nm 波长时，在白颜色光源的照射之下，明度要比蓝色为 480nm 波长时的明度高出近 10 倍。在夜晚环境中，蓝色明度则要比红色明度强出近 16 倍。从视觉的角度来说，在白天，红光色感显得鲜艳明亮，是因为它在光谱上波长是比较长的，而波长短的蓝光则显得相对平淡逊色。但是到了夜晚的环境中，蓝光色感则显得十分显眼，这是因为它波长较短，而波长长的红光色感则显得惨淡虚弱。换而言之，根据环境光源强弱的不同，人眼的适应状态也在不断地被调整以正确判断环境色彩，与之同步转换的还有对光谱色的视感。由于这一现象是捷克医学专家柏金赫于 1852 年在迥异光亮条件下在书屋观察相同一幅油画作品时，偶然发现并率先提出的，因此而得名。柏金赫视错觉具有现实意义，它会引导设计者在设计作品的过程中，组合好特定光亮氛围中的色彩搭配关系，并且注意扬长避短，从而避免色彩选择上的不合理。比如，在创作用于悬挂在较暗室内环境中的艺术作品时，在色彩搭配方面，不宜配置弱光中反射效果极差的红、橙等暖色，这样的搭配起不到任何装饰效用，反而会使墙面显得更加沉闷。反过来，我们选择蓝、绿等冷调色搭配，就也会产生比较好的效果，会使整个艺术作品充满美丽诱人的意趣。

### 4.心理适应

心理因素会影响色彩的视觉感受，这种感受往往带有主观色彩，会产生一种错误的色彩感应现象，我们一般称之为"视差"。连续对比与同时对比都会出现视错觉的现象，都属于心理性视错的范畴。连续对比也称作"视觉残像"，也就是我们在连续观察物体时会产生的视觉错像，通常在眼睛受到强光刺激时发生。同时对比也就是我们在同时看两个物体时，即使是同样一种颜色，我们也会有不同的生理反应。专业人员会选择调整这样的视差，而一般人普遍会顺应这种视错觉，认为自己观察到的颜色是对的。

### （五）手绘效果图色彩的表现

如果说准确的透视是空间的骨架，那么色彩的表现就是空间的血和肉。在室内设计手绘效果图中，物体的材质、色泽需要用色彩来表现。色彩的属性可以表现空间环境的主题气氛，调整人的情绪。在生活中我们经常看到一些现象，如夕阳使自然界中的不同物体笼罩在一层橙红色的阳光之中；淡蓝色的月光把世界笼罩在轻纱薄雾之中等。这种在同一环境中使不同物体都带有同一色彩倾向的色彩现象，我们称之为色调。画面中的色调是色彩的总体倾向，是大体的色彩效果。在室内设计手绘效果图快速表现技法中，常用的色调有同类调、调和调和对比调三种。

### 1.同类调

用同一色相的色彩绘图，主要是调整画面的明度，形成不同的明暗层次，把色彩的明度系数拉开，以使画面色调更为明快（见图 4-13 ~ 图 4-15）。

图 4-13　中餐厅设计

作者：黄磊　工具及材料：马克笔、复印纸、针管笔、彩铅。

在完整的室内空间中，我们很难只用同一色相的颜色进行绘制，往往在同类调的画面中补充少许其他色彩。通过色彩的冷暖来丰富画面，而不仅限于明度上的区分。

图 4-14　中餐厅设计

作者：黄磊　工具及材料：马克笔、复印纸、针管笔、彩铅。

图 4-15　西餐厅设计

作者：黄磊　工具及材料：马克笔、复印纸、针管笔、彩铅。

2. 调和调

　　色相环上邻近色的配合，如蓝色和紫色搭配、橙色和红色搭配，给人以和谐、平静的感觉。同类调相比较，调和调的画面更为丰富（见图 4-16 ~ 图 4-18）。

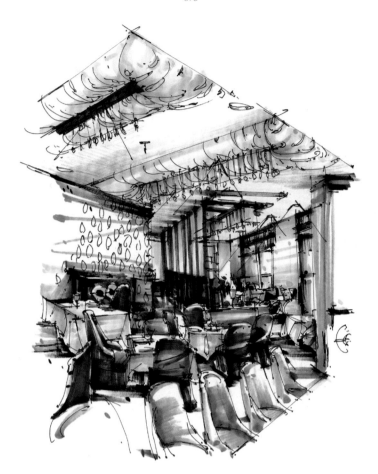

图 4-16 中餐厅设计
作者：黄磊　工具及材料：马克笔、复印纸、针管笔、彩铅。

图 4-17 卧室设计
作者：黄磊　工具及材料：马克笔、复印纸、针管笔、彩铅。

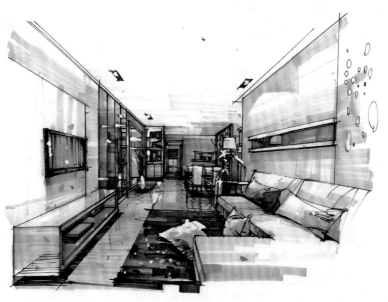

图 4-18　客厅设计

作者：黄磊　工具及材料：马克笔、复印纸、针管笔、彩铅。

### 3. 对比调

补色和近似补色的配合，可以给视觉带来强烈的刺激。对比色调有蓝与橙对比、红与绿对比、黄与紫对比。在室内设计手绘效果图的对比调处理中，可以运用物体受光面的留白或高光、暗面及阴影的深色等加以调和，也可以降低对比双方的色彩纯度以达到调和画面色彩的目的，还可以在灰色调的背景中点缀高纯度色彩的家具来提升画面的活力。这些处理方法都可以使画面在保持色彩纯度的基础上处于稳定状态，而不至于散乱无章（见图4-19 ~ 图4-22）。

图 4-19　客厅设计

作者：黄磊　工具及材料：马克笔、复印纸、针管笔、彩铅。

冷暖对比强烈的画面色彩在大面积的留白、中间层次及暗面、阴影等深色层次的缓冲下，处于安定状态。有意识地降低色彩纯度，是处理对比调的常用手法之一。画面色调在和谐中有对比，在对比中显统一。在低纯度的对比调中，还可以点缀少许纯度较高的色彩，增加画面色彩的活力。由于面积大小过于悬殊，画面还是呈现出安定统一的色调。

图 4-20 卧室设计
作者：黄磊　工具及材料：马克笔、复印纸、针管笔、彩铅。

图 4-21 餐饮空间设计
作者：黄磊　工具及材料：马克笔、复印纸、针管笔、彩铅。

图 4-22 别墅餐厅设计
作者：黄磊　工具及材料：马克笔、复印纸、针管笔、彩铅。
图 123 餐饮空间设计 作者：黄磊 工具及材料：马克笔 复印纸 针管笔 彩铅

## 四、光感的表现

光源分为自然光源和人工光源。在室内设计手绘效果图中，光感的表现是效果图出彩的原因之一。画面可以只有一个光源，也可以同时存在多个光源。在画面的光感处理上往往以一个光源为主，其他作为辅助光源以活跃画面气氛。有光必有影，根据物体的投影可以判断光源的方向。因此，设计师往往通过对影子的绘制来表现光感效果，同时，阴影的强调往往是设计师用以调整和控制画面的常用手段，同一承影面上的影子用同一色调表现，可以增加画面的统一感（见图4-23～图4-25）。

图4-23 办公大楼大堂设计

作者：黄磊 吴春丽 工具及材料：马克笔、复印纸、针管笔、彩铅。

顶部开窗的建筑结构使内部空间充满了丰富的光斑效果。在处理这类由复杂形态和复杂光影组成的画面时，着重处理几个重点的节奏层次，如地面近、中、远三处光影的节奏层次，拉开空间的距离。右侧的墙面则表现出"紧、松、紧"的节奏层次。"紧"的是窗帘，"松"的是玻璃幕墙。挂画缓解了左侧的紧张气氛。右下角的干枝与左侧植物相呼应，它的存在使效果图外缘轮廓更具张力。室内光为两个光源，效果图绘制时重点表现主光源，通过墙体和地面的阴影表现主光源的方向感，而另一侧的光源作为次要光源进行补充。画面呈现的是逆光效果，绘制要点是把靠近光源区域的色彩明度对比处理强烈些，远处的对比微弱些。单一化的外部光源使效果图更具次序感。光源由自然光源和人工光源组合而成，画面节奏的处理与光源的主次配置有很大关系。如主光源下的物体明度对比明显，形成强烈节奏；次要光源作补充，层次相对平缓些，节奏弱些。

图4-24 自助餐饮空间设计

作者：黄磊 工具及材料：马克笔、复印纸、针管笔、彩铅。

图 4-25 客厅设计

作者：黄磊 吴春丽 工具及材料：马克笔、复印纸、针管笔、彩铅。

光斑可以把大面积虚空的墙面分割成一个个富有变化的光影层次。画面中的光斑效果是活跃气氛的重要因素。绘制同一材质承影面的阴影应归纳在同一个色调里，不易产生过多的变化，如白色的墙体、木制的造型结构和地毯等。

## 五、质感的表现

每一种材料都有其自身独特的属性，如玻璃透明、反光，石材沉重、坚硬，布料柔软、飘逸，木头天然、有机等。室内效果图要反映真实性的特点，就必须根据物体本身的属性来绘制，塑造出各种不同的材料质感，使室内手绘效果图的表达更深入，艺术感染力更强。

### （一）木材的表现

木材的纹理自然，种类繁多。木材纹理的表现可以在线稿阶段刻画，然后着色调整；也可以用马克笔和彩色铅笔直接绘制（见图 4-26）。

图 4-26 卧室设计

作者：黄磊 工具及材料：马克笔、复印纸、针管笔、彩铅。

在线稿阶段根据画面的疏密关系，适当绘制一些木纹；在着色阶段只需要区别好形体的受光面、侧光面和背光面的色彩层次即可。用这种方式表达木材的质感会显得轻松，艺术感染力强。艺术性高的手绘效果图对技法要求也较高，设计师要在绘制过程中不断思考，不断摸索出一些特殊肌理的表现方法，如木制吧台的纹理是用几乎没有颜料的马克笔摩擦得到的，正常情况下的马克笔是表现不出来的。

## （二）玻璃的表现

玻璃透明，其反光区域会反射周边环境的形、光、色等（见图4-27、图4-28）。

图4-27 卫生间设计

作者：黄磊　工具及材料：马克笔、复印纸、针管笔、彩铅。

玻璃的表现在正常情况下与周边环境一同绘制，只是在高光和反光部分明显地表现出其自身的材质属性。

图4-28 卫生间设计

作者：黄磊　工具及材料：马克笔、复印纸、针管笔、彩铅。

有色玻璃的层次明显要比环境层次深些，并具有自身的色彩特点。

## （三）水体表现

如图4-29所示。

图 4-29　快捷酒店大堂设计

作者：黄磊　工具及材料：马克笔、复印纸、针管笔、彩铅。

室内设计中水体一般表现为平水或叠水，用来丰富室内空间，营造环境氛围。

## （四）布料和编织的表现

布料多用于沙发、被子、窗帘等，绘制时主要表现其固有色，可绘制花纹或条纹点缀，图案不必完整，色彩随转折变化明暗（见图4-30、图4-31）。

图4-30　别墅客厅设计
作者：黄磊　工具及材料：马克笔、复印纸、针管笔、彩铅。

图 4-31 咖啡厅设计

作者：黄磊 吴春丽　工具及材料：马克笔、复印纸、针管笔、彩铅。

## （五）大理石与青石板

大理石质地坚韧，带有自然的纹理，表面光滑，可以反映周边的光影。青石板则少有反射（见图 4-32、图 4-33）。

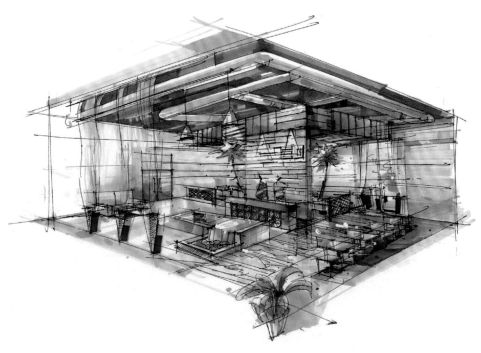

图 4-32　酒店大堂设计

作者：黄磊　工具及材料：马克笔、复印纸、针管笔、彩铅。

图 4-33　客厅设计

作者：黄磊　工具及材料：马克笔、复印纸、针管笔、彩铅。

抛光的石材除了自身的纹理之外，还因表面光滑而具有反射周围环境形、光、色等属性。反射程度与光滑程度呈正比关系。

## （六）砖墙材质表现

对砖墙底色的涂抹不可太平均，可有意保留部分光影笔触（凹凸点），勾勒砖块亮线和暗线以强调体块（见图 4-34）。

图 4-34 酒店大堂设计

作者：黄磊 工具及材料：马克笔、复印纸、针管笔、彩铅。

在底色上用彩铅表现砖块材质，是手绘快速表现技法中常用的手法。

# 第5章 室内设计手绘效果图绘制步骤

第5、6章课件

## 一、室内设计手绘效果图制作程序

### （一）准备阶段

设计方案的平面图、立面图和顶面图完后之后，接下来的工作就是手绘效果图的草图阶段。进入草图阶段之前的准备工作有：画笔、颜料的选择，纸张的选择及平面图、立面图和顶面图的资料收集等。画笔、颜料和纸张的选择应根据设计方案的意图和效果考虑，以便突出设计的目的。设计方案的平面图、立面图、顶面图等资料应完善齐全，把握好具体的比例尺度和设计的创意，在脑海中形成意象，做到心中有数，尽可能避免因盲目绘制而造成后续阶段不必要的修改（见图5-1 ~ 图5-5）。

图 5-1 工具及准备材料

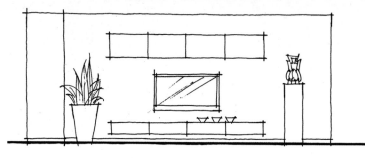

图 5-2 立面图设计

作者：黄磊　工具及材料：复印纸、针管笔。

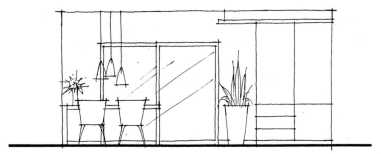

图 5-3 立面图设计

作者：黄磊　工具及材料：复印纸、针管笔。

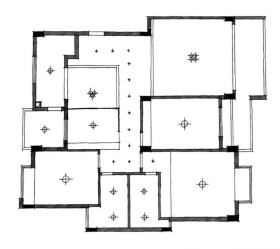

图 5-4 平面图设计　　　　　　　　　　　　图 5-5 平面图设计

作者：黄磊　工具及材料：复印纸、针管笔。作者：黄磊　工具及材料：复印纸、针管笔、马克笔、彩铅。

## （二）草图阶段

根据平面图、立面图和顶面图的设计方案进行三维透视图的推敲，绘制者首先要选择效果图的角度，确定主要表现的范围和消失点的位置；然后用线稿的形式将空间的透视构架和界面关系表现出来，将家具、陈设物品的位置、形状及比例表现出来。草图阶段的主要任务是用透视图的直观感受，对设计初级方案进行进一步修改和调整。草图阶段的线稿可能相对零散些，是正稿前的过渡阶段（见图 5-6 ~ 图 5-7）。

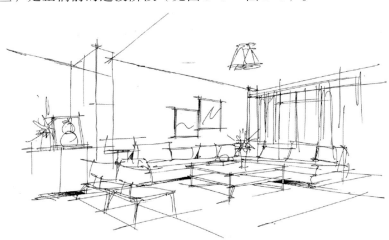

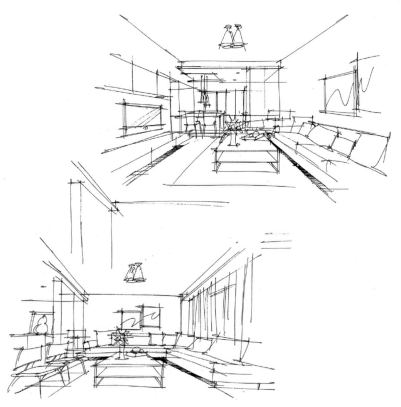

## （三）正稿阶段

　　草图完成后，另取一张纸按照草图的基本构架重新绘制一遍，这次可以对一些主要表现对象进行深入描绘，也可以作局部的明暗处理，完成正稿的绘制。另外，可以用透明硫酸纸覆盖在草图之上重新描绘和整理。由于这一做法建立在已有的透视构架之上，因此可以把注意力重点放在形体细节的处理方面。完成线稿描绘之后，把硫酸纸上的线稿复印出来即可（见图 5-7）。

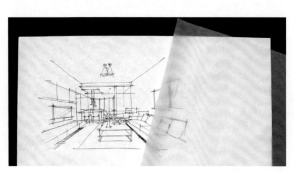

## （四）着色及调整阶段

　　正式线稿完成之后，可以用复印的办法进行备份，以便在着色处理不当时可重新使用，而不必再次进行线稿描绘。着色阶段的工作分两个部分：一是色调草图尝试，可以用复印的线稿作色调的配比尝试，用多个色调草图进行比较；然后选择其中一个比较满意的草图作为正稿着色的参考。正稿着色时的形体塑造。有了色调草图的铺垫，正式着色时可以把主要的精力放在空间形体的表现上，尽可能用少量的笔墨表现更多的内容（见图5-8、图5-9）。

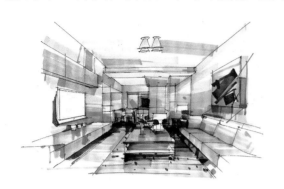

图 5-8　不同色相小稿绘制
作者：黄磊　工具及材料：复印纸、针管笔、马克笔、彩铅。

室内手绘效果图基本完成之后，可以根据画面的整体需要，对局部稍作修整，如用白色水粉颜料或涂改液强调物体的高光，用深色马克笔或彩色铅笔绘制阴影，统一画面色调；还可以对某些主要对象的材质作深入的刻画或者使用彩色铅笔对某些局部作细节的补充，直至效果图完成。

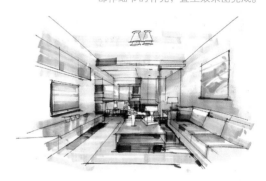

图 5-9　不同色相小稿绘制
作者：黄磊　工具及材料：复印纸、针管笔、马克笔、彩铅。

## 二、室内设计手绘效果图着色步骤

案例1：办公组合家具效果图绘制步骤（图5-10）

图 5-10-1　植物的密集化处理使其与陈设物品的暗面及阴影相呼应。

图 5-10-2　绘制家具固有色中的最浅层次，表现环境的色彩气氛。

图 5-10-3　绘制家具的暗面，表现地面阴影。

图 5-10-4　强调书桌的光影效果，绘制转椅及家具的阴影。

图 5-10-5  强化家具细节，强调各部分阴影层次，用白色水粉颜色刻画台面高光，完成效果图绘制。

图 5-10  家具组合表现

作者：黄磊    工具及材料：马克笔、复印纸、针管笔、彩铅。

## 案例 2：床榻效果图绘制步骤

图 5-11-1  画面中床榻的阴影与左侧的陈设枝条相呼应，使画面产生黑、白、灰的层次效果，增加画面的节奏感。

图 5-11-2  表现墙体的固有色，铺设坐垫和两侧台灯的固有色，绘制床榻支架、矮柜的木质色泽，根据光源方向绘制
抱枕及圆枕，在画面中表现出光影的特有效果。

图 5-11-3　选择相对较深的同类色塑造墙体的转折关系，进一步绘制坐垫、抱枕、圆枕的层次关系，表现床榻支架、茶几、
矮柜的暗面及阴影，强化左侧花瓶的暗面及墙体上的阴影，暗示挂画和两侧灯罩形体。

图 5-11-4　强调地面阴影，强化光源方向。

图 5-11-5　用白色水粉颜料和白色彩色铅笔绘制物体的高光，调整受光面，完成效果图的绘制。

图 5-11　家具组合表现

作者：黄磊　工具及材料：马克笔、复印纸、针管笔、彩铅。

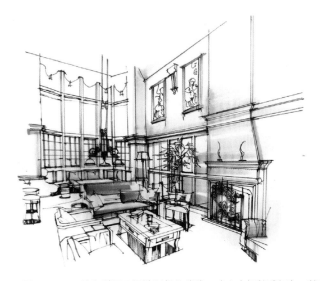

图 5-12-1 首先利用已经绘制好的线稿，确立空间基础颜色，基础颜色决定空间颜色倾向。

图 5-12-2 确立色彩关系，在画面中确立定是以比色、同类色为主还是相近色为主，此时空间中第二重要的色调应该出现。

图 5-12-3 丰富颜色层次。此时应该注意表达物体表面的材质颜色，占据比例大的物体应该着重进行颜色的丰富；比例小的物体应尽量层次少一些，以免喧宾夺主。

图 5-12-4 空间色彩部分基本完成，阴影部分颜色也基本处理完，此时应注意用冷灰和暖灰结合处理空间体积关系。

图 5-12-5 最后主要是调整阶段，调整颜色、笔触等等，画面完成。

图 5-12 别墅设计

作者：黄磊 杨阳　工具及材料：马克笔、复印纸、针管笔、彩铅。

图 5-13-1　以线稿的形式将空间结构形态表现出来，用密集的线条表现木材、楼梯，形成画面灰调；与家具及陈设物
品的暗面及阴影一道构成画面中的黑、白、灰关系。

图 5-13-2　表现外部环境的色调，并一直延续到沙发和地面上，形成环境色；绘制床垫及墙面装饰的固有色，表现家具的结构体量，绘制顶部结构和地面的光影。

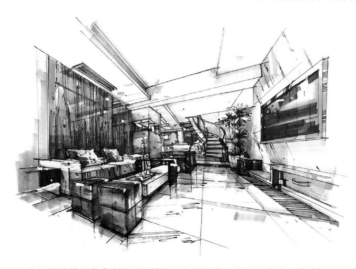

图 5-13-3　此时需要着重考虑空间的环境色和灯光颜色。灯光颜色是一种漫射型色彩，适合用彩铅来表现。

图 5-13-4　调整好画面黄色与红色的关系，用灰色来调和这两种颜色，画面绘制完成。

图 5-13　别墅室内设计

作者：黄磊 杨阳　工具及材料：马克笔、复印纸、针管笔、彩铅。

图 5-14-1　绘制大型空间需要有所侧重。在这张效果图中，左侧是开敞部分，右侧属于空间密集型排列，所以从形式美感角度出发，应将右侧的空间层次优先表现出来。

图 5-14-2　此时需要绘制些灰色来表现物体体积。灰色是多用色，不但可以丰富空间，还可以使物体本身层次得到丰富。

图 5-14-3　绘制空间点缀色，并进一步丰富空间的层次。

图 5-14-4　利用不同方向的笔触，使画面更加生动。在空间中运用纯度较低的布色关系，既可以丰富色彩，又可以使空间颜色搭配不显得突兀。

图 5-14　别墅设计

作者：黄磊　工具及材料：马克笔、复印纸、针管笔、彩铅。

# 第6章　习作临本

任何以技巧为主的工作,光凭理论的学习和探讨是不可能取得成功的,"学海无涯苦作舟",练习和思考是使室内设计手绘效果图快速表现技法取得进步的唯一途径。掌握手绘效果图快速表现技法不是一朝一夕就能做到的,需要深入实践和量的积累。画一张手绘效果图和画十张手绘效果图的认识是不一样的。如果你画够一百张,那么不论是技法还是处理画面的能力都会产生质的飞跃。另外,一年完成一百张和十年完成一百张的意义也是不一样的。除了量变,还要有训练的强度作保证,如此才能产生质变。室内设计手绘效果图快速表现技法水平的提高是一个循序渐进的过程,不能急于求成,阶段性的训练很重要。对透视规律的熟练掌握,会给后边的形、光、色、质感、空间感的表现打下扎实的基础。效果图快速表现技法要取得进步,除了上述要点之外,还需要有创新意识和及时抓住灵感的悟性,做到在思考中表现、在表现中总结才能逐渐做到得心应手(见图6-1 ~图6-27)。

图6-1 办公空间设计

作者:黄磊　工具及材料:复印纸、针管笔、马克笔、彩铅。

图 6-2 餐饮空间设计
作者：黄磊　工具及材料：复印纸、针管笔、马克笔。

图6-3 图书馆阅读空间设计
作者：黄磊　工具及材料：复印纸、针管笔、马克笔。

图 6-4  售楼处设计

作者：黄磊　工具及材料：复印纸、针管笔、马克笔。

图 6-5  大堂设计
作者：黄磊  工具及材料：复印纸、针管笔、马克笔、彩铅。

图 6-6  办公室设计
作者：黄磊  工具及材料：复印纸、针管笔、马克笔、彩铅。

图 6-7  餐饮空间设计

作者：黄磊　工具及材料：复印纸、针管笔、马克笔、彩铅。

图 6-8  客厅设计

作者：黄磊　工具及材料：复印纸、针管笔、马克笔、彩铅。

图 6-9　客厅设计

作者：黄磊　工具及材料：复印纸、针管笔、马克笔、彩铅。

图 6-10　大堂设计

作者：黄磊　工具及材料：复印纸、针管笔、马克笔、彩铅。

图 6-11 客厅设计

作者：黄磊　工具及材料：复印纸、针管笔、马克笔、彩铅。

图 6-12 大堂设计

作者：黄磊　工具及材料：复印纸、针管笔、马克笔、彩铅。

图 6-13 大堂设计
作者：黄磊　工具及材料：复印纸、针管笔、马克笔、彩铅。

图 6-14 客厅设计
作者：黄磊　工具及材料：复印纸、针管笔、马克笔、彩铅。

图 6-15　餐饮空间设计
作者：黄磊　工具及材料：复印纸、针管笔、马克笔、彩铅。

图 6-16　别墅客厅设计
作者：黄磊　工具及材料：复印纸、针管笔、马克笔、彩铅。

图 6-17　餐饮空间设计
作者：黄磊　工具及材料：复印纸、针管笔、马克笔、彩铅。

图 6-18　客厅设计
作者：黄磊　工具及材料：复印纸、针管笔、马克笔、彩铅。

图 6-19  大厅设计

作者：黄磊    工具及材料：复印纸、针管笔、马克笔、彩铅。

图 6-20  西餐厅设计

作者：黄磊    工具及材料：复印纸、针管笔、马克笔、彩铅。

图 6-21　会所大厅设计
作者：黄磊　工具及材料：复印纸、针管笔、马克笔、彩铅。

图 6-22　客厅设计
作者：黄磊 吴春丽 工具及材料：复印纸、针管笔、马克笔、彩铅。

图 6-23 客厅设计
彩铅。

图 6-24 客厅设计
作者：黄磊 吴春丽 工具及材料：复印纸、针管笔、马克笔、彩铅。

图 6-25　大堂设计
作者：黄磊　吴春丽　工具及材料：复印纸、针管笔、马克笔、彩铅。

图 6-26　大堂设计
作者：黄磊　吴春丽　工具及材料：复印纸、针管笔、马克笔、彩铅。

图 6-27  大堂设计
作者：黄磊 吴春丽    工具及材料：复印纸、针管笔、马克笔、彩铅。

# 参考文献

[ 1 ] 韦自力，黄磊. 室内手绘效果图快速表现技法. 天津：天津大学出版社，2012.

[ 2 ] 逯海勇，胡海燕，周波. 建筑室内手绘表现技法与实例. 北京：化学工业出版社，2011.

[ 3 ] 徐卓恒，夏克梁. 室内设计手绘教学与实践. 上海：东华大学出版社，2014.

[ 4 ] 马澜. 室内外手绘表现技法. 上海：东华大学出版社，2012.

[ 5 ] 成鲲. 室内手绘表达（室内设计专业现代艺术设计系列教材）. 北京：水利水电出版社，2005.

[ 6 ] 布赖恩·爱德华兹. 建筑绘画与思考. 北京：中国建筑工业出版社，2010.

[ 7 ] 郑曙阳. 环境艺术设计与表现技法. 武汉：湖北美术出版社，2002.

[ 8 ] 韩忠杰. 手绘设计表现图的显示应用价值. 室内设计，2002.

[ 9 ] 陈静. 浅谈手绘表现及创作技法. 美术大观，2010.

[10] 刘华东. 效果图表现技法教学法的实践与研究. 文艺生话·文海艺苑，2010（10）.

[11] 刘迪. 室内手绘效果图的表现艺术. 内江科技，2008（4）.

[12] 张天殊，王可心. 当今室内设计中的手绘应用. 美术大观，2010（1）.

[13] 戚培智. 室内设计中手绘创意中图重要性. 美术大观，2010.